JN030380

細胞とはなんだろう

「生命が宿る最小単位」のからくり

武村政春　著

ブルーバックス

カバー装幀／芦澤泰偉・児崎雅淑
カバーイラスト／安斉将
本文イラスト／永美ハルオ
本文デザイン・図版制作／鈴木知哉＋あざみ野図案室

はじめに

細胞とはなんだろう。

最近、この「細胞」という言葉を、心なしか以前よりもひんぱんに、さまざまなところで目にしたり耳にしたりする気がする。もちろん、大学で細胞を取り扱う研究をしているし、講義でも生物学を教えているから、僕にとって「細胞」という言葉はほぼ日常語である。だからこの場合、「さまざまなところ」というのは大学での教育・研究以外で、という意味だ。

ここ数年から一〇年くらいのあいだ、結構な頻度で新聞やニュース、SNSなどで目にする「細胞」といえば、やはり京都大学の山中伸弥《やまなかしんや》教授が開発した「iPS細胞(人工多能性幹細胞)」だろう。ヒトの体の細胞から、簡単な方法でつくることができる(とはいっても、やはり専門家でないと難しいが)、俗にいう「万能細胞」である。

iPS細胞がなぜこれほど人の目に触れるようになったのかといえば、それはやはり、この細胞を使って、失われた組織や臓器を再生することができるのではないかという、いわば「夢の再生医療」へとつながる重要なカギであると期待されているためだろう。

iPS細胞よりも以前から研究されてきた「ES細胞」という細胞もある。これも万能細胞の一種で、さまざまな組織をつくり出すことが期待されている。iPS細胞にもES細胞にもそれぞれ長所と短所があり、お互いに補完しあいながら夢の再生医療を目指して研究がおこなわれている、ともいえる。

しかし、具体的にそのようすをイメージしてみると、細胞を使って、失われた組織や臓器を再生するとは、いったいどのようなことなのか、いまひとつよくわからないという人が多いのではないか。いや、そもそも「細胞」とはいったいなんなのか。

万能細胞を使うことで、失われた組織や臓器が再生できるといわれているのは、簡単にいってしまえば、僕たちのこの身体をつくっている組織や臓器は、すべて「細胞からできている」からである。そして万能細胞は、どんな組織や臓器の細胞にもなれると考えられているからである。

そう、僕たちはみな、細胞からできている。

人間ばかりではない。この世のすべての生物はみな、等しく細胞からできている。大きな生物も小さな生物も、バクテリアでさえ細胞からできている。細胞の大きさはじつにさまざまだが、ほとんどの細胞は肉眼では見えないほど小さい。その意味では、多細胞生物の細胞も単細胞生物の細胞も同じである。新型コロナウイルスは僕たち人間の細胞に感染するが、感染するのはあくまでも人間の細胞であって、僕たち人間そのものではない。

その細胞たちが集まって、この大きな宇宙に二つとない、多様な生物の世界をつくり上げている。目に見えないものたちが、どうやったらこんな豊かな生物の世界をつくり出すことができるのか——こんなに不思議なことはない。

……と、ここまで書いてきて、僕の視点は大きく動く。

冒頭で、「細胞を取り扱う研究をしている」と述べたが、じつは僕は、細胞の研究者ではない。どちらかというと、現在の僕の専門は、ウイルス学である。そして、そのなかでも巨大ウイルス学という、ウイルス学会でもほとんど相手にされない（興味を示されない、というべきか）特殊で辺境のマイナー学だ。

しかも、ウイルスは細胞ではない。細胞からできていないので、生物でもない。微生物学の教科書で扱われてはいるけれども、ウイルスはどう考えたって微「生物」ではない。生物の仲間には入れてもらえないがゆえに、生物学者もあまりウイルスについて考えてくれたりはしない。

べつに卑屈になっているわけではない。僕がいいたいのは、その生物ではないウイルスを研究している人間が細胞のことを書いたのが、この本だということだ。

僕が研究している巨大ウイルスは、ふつうのウイルスよりも生物のほうにそのしくみが近く、「もともと生物だったのではないか」とさえ考える人もいるくらいのヘンなウイルスだ。しかし、今のところは巨大ウイルスもふつうのウイルスと同様、生物（細胞）ではない。もう少しで細胞になれるかもしれないのに、なれない存在――。それが、巨大ウイルスだともいえよう。

したがって、巨大ウイルス〝オタク〟である僕は、どちらかといえば細胞に対して歪《いびつ》な感情を抱いている。細胞というのは自分たちで生きているように見えて、実際には巨大ウイルスのような、細胞とは違う生命システムによって〝生かされている〟だけなのではないか。偉そうに「俺たちこそ生物だ！」とふんぞり返っているのは、じつは虚栄なのではないか。そうした僕の考えこそが、ここでいう歪な感情だ。

そんな人間が、細胞のことを書いた。それがこの本なのである。

だからといって、細胞に対して大いに嫉妬し、罵詈《ばり》雑言《ぞうごん》を浴びせたり、誹謗中傷《ひぼうちゅうしょう》することはしない。だってウイルスは細胞がないと増殖できないから、ウイルスを研究するには細胞がどうしたって必要だし、僕自身も細胞からできているのだから、それでは天に唾《つば》するようなものである。

しかし、細胞からできていないがために生物学者からは無視され、高校生物の教科書からは追放状態にあり、名前そのものが元は「毒（virus）」の意味だから、いわば謂《いわ》れのない悪評を一身に浴びているウイルスに対して（たとえば新型コロナウイルスなど、悪評が立つ謂れのあるウイルスももちろんいるが）、僕はきわめて同情しているから、罵詈雑言を浴びせないにしても、ウイルスのしくみを通して細胞を見つめる態度で臨みたいと思ったのだ。

いやむしろ、地球上に生物よりもたくさんいて、なおかつその生物のしくみを利用している彼らの存在を無視した生物学など、もはやあり得ないとさえ思っている。

細胞とはなんだろう。

ちょいと脇に逸《そ》れた視点、いうなれば〝ウイルス目線〟からの細胞観を、読者諸賢に楽しんでいただければ幸いである。

なお、この本は教科書ではないため、細胞のすべてを網羅しているわけではなく、登場しない〝重要人物〟（たとえば葉緑体など）もいることを、あらかじめご承知おき願いたい。

もくじ

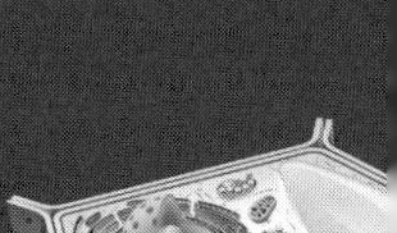

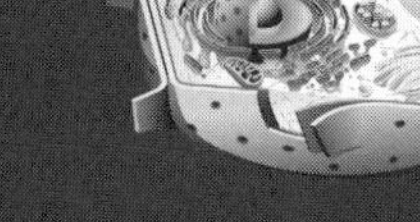

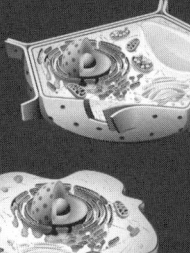

第2章 リボソーム

――生命の必須条件を支える最重要粒子

プロローグ　細胞とはなんだろう

生物学の教科書のいちばん初めに登場する「細胞」。生物学の授業でいちばん初めに習うことが多い「細胞」。

僕が初めて「細胞」の存在を知ったのは、図鑑に載っていたイラストだった。図鑑大好き少年だった僕は、特に魚とか、ヒトデやイカ・タコなどの水生生物の図鑑に惹《ひ》きつけられ、現代の子どもたちがカードバトルゲームにはまっているのと同じように、多彩な生物の造形にはまっていた。

そんなとき、ある図鑑の一ページに描かれた細胞のイラスト——ミトコンドリアや細胞核、リソソームなどがカラフルに色分けされた、ある意味ブキミなイラストに目を奪われ、同時にそのプディングのような物体が「さいぼう」とよばれていることを知ったのであった。

今やさまざまな場所で、メディアで、会話のなかで、この「細胞」という言葉を耳にし、口にし、そして目にする。いったい、細胞とはなんなのだろうか。

凄すぎるアメーバ――「あんた、ほんとに細胞？」

すでに「はじめに」で述べたように、僕は「巨大ウイルス」というものを研究しているが、じつは巨大ウイルス以上に感嘆していることがある。巨大ウイルスが感染する相手である真核単細胞生物、「アカントアメーバ」が凄いのである。

その凄さを箇条書きにしてみよう。

①ほっといても平気：一ヵ月くらい放っておいても平気で生きている。したがって、研究者がそのまま長期休暇を取得することも可能（やりませんが）。

②死を回避できる：培地の中にヘンなものが入ってきたら「シスト（嚢子《のうし》）」とよばれる状態になる。どうやら数万年も生きるらしい。

③死ぬときは劇的に死ぬ：巨大ウイルス感染時に命のはかなさを見せつけてくれる。

④百面相：ふつうに増殖しているとき、ウイルスに感染したとき、栄養がなくなったときなどに見せる形がじつに多様である（図0-1）。

……などなど、他にも挙げていけばキリがないが、とにかく彼らの動きは見ていて飽きない。

今のわがラボ（研究室のことを研究者は「ラボ」という）のトレンドは、アメーバの動き回るタイムラプス（微速度撮影）動画を見ながらランチを食べることだ、といってもよいくらいだ。

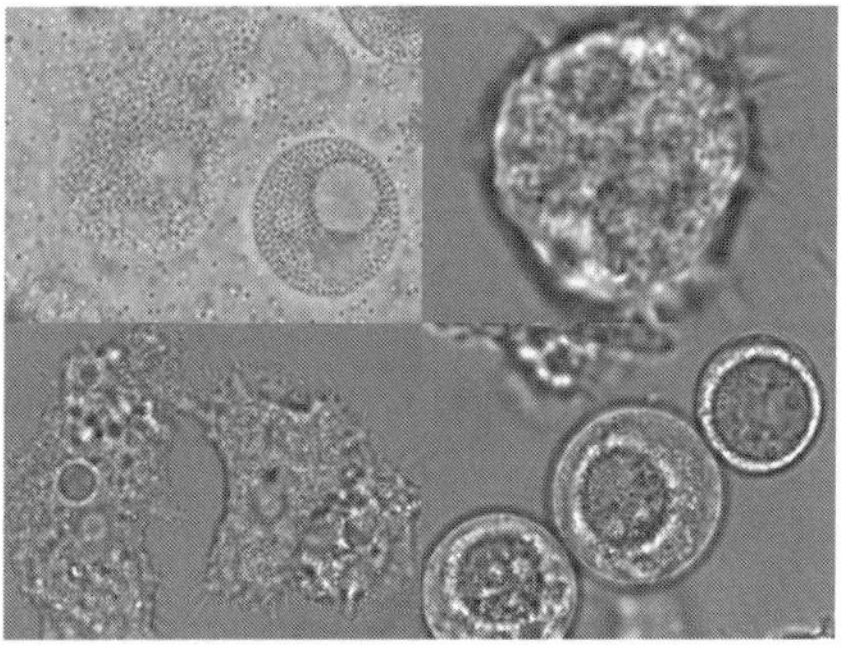

図0-1 アカントアメーバの百面相
左上：ミミウイルスに感染したアカントアメーバ。右の細胞はウイルスで細胞質が満たされ、左の細胞はすでに破裂した後である
右上：健康なアカントアメーバだが、やや丸みを帯びた形をしている
左下：健康なアカントアメーバ。フラスコの底に接着し、アメーバ運動をしている
右下：健康なアカントアメーバだが、“人口”が増えすぎたため浮き上がり、培養液に浮遊した状態になっている
（写真：東京理科大学武村研究室）

現在、僕がおもに培養しているのは、アカントアメーバの一種である*Acanthamoeba castellanii*というある特定の株だが、アカントアメーバそのものは、水や土壌など、身のまわりの環境中にきわめて多く生息していることが知られており、いってみれば僕たちに身近な微生物であるといえる。

アメーバのような「単細胞生物」は、細胞＝生物であるから、その細胞の形やはたらきに、単独で生きていくためのさまざまな工夫を凝《こ》らしている。

最も有名かつよく知られているのは、ゾウリムシの細胞内構造であろう。ゾウリムシの細胞には、僕たちの口に該当する「細胞口」、僕たちの消化器官に該当する「食胞」、泌尿器官に該当する「収縮胞」などがあり、一個の細胞の中で、細胞そのものが僕たち多細胞生物の一個体にあたるさまざまな機能を細分化し、みごとに生を謳歌《おうか》しているではないか。

アカントアメーバも、おそらくその類いであろう。アカントアメーバには食作用があり、細胞膜で押し包むようにして獲物を食べる。そうして、僕たちの胃袋に該当する食胞（「ファゴソーム」という）で、獲物を消化する。アカントアメーバの「アカント」は「棘《とげ》」という意味であり、事実、この細胞の表面には無数の突起が生えている。その生物学的意義はよくわかっていないが、細胞と細胞が情報を共有したり伝達したりする、いわゆる「細胞間コミュニケーション」や、獲物をとらえる際などになんらかの役割を果たしているのだろう。

アカントアメーバを顕微鏡で見ていると、時として思いもかけぬ行動に出ることもある。なんというか「あんた、ほんとに細胞？」と、思わずうなってしまう非常識な行動をとるのである。もしかしたらそうした行動もまた、アカントアメーバの単細胞生物としての生き残り戦略であり、彼らが独自に進化させてきたことなのかもしれないと思っている。

細胞というのは、じつに奥が深いものである。

擬人化された細胞たち

僕が子どもの頃に読んでいたコミックといえば、『ゲゲゲの鬼太郎』だ。

現在の僕は巨大ウイルスの研究者だが、一方で妖怪についても研究している（というより趣味）という側面もあって、今でも僕の生活にこの本は欠かせない。それから『ドラえもん』と『ブラック・ジャック』。この三つの作品が僕の愛読書だったが、ほとんどの大人がそうであるように、長ずるにつれてこうしたコミックは、『ゲゲゲの鬼太郎』以外という注釈はつくが、徐々に読まなくなっていった。

しかし、子どもが生まれ、彼らがコミックを読む年頃になってくると、それまでは見向きもしなかった現代のさまざまな作品を、子どもにつられて読むようになった。

そうして気づいたのは、最近のコミックはじつに多様で、多彩で、なかには科学的な背景をきちんと押さえた、大人でも楽しめるものが昔よりも多いということだ。生物学的な背景がストーリーで非常に重要な意味をもっていて、それが面白く展開されている作品もある。

話の核心に「細胞」が出てくる作品もある。たとえば、『週刊少年ジャンプ』で連載された島袋光年作『トリコ』では、「グルメ細胞」という細胞が物語の進行に重要な役割を担っている。この細胞は分裂・増殖するだけでなく、オートファジー（大隅良典《おおすみよしのり》教授による二〇一六年のノーベル生理学・医学賞受賞で話題になった、細胞のいわゆる「自食作用」のこと）も起こすし、隔世遺伝もするし（現実の細胞は隔世遺伝はしない）、そしてそれ自身、進化もする（現実の細胞は、『トリコ』のストーリーに比べてはるかに遅く、じつにゆっくりと進化する）。

主人公が「細胞」であるような作品すらある。『月刊少年シリウス』で連載された清水茜作『はたらく細胞』では、主人公はどうやら「赤血球」である。赤血球は血液に鮮やかな赤色をもたらす小さな細胞で、ヘモグロビンを多く含み、酸素を運搬する役割を果たす。そして、この作品では若い女の子の形をしている。

ヒロインがいればヒーローもいるというのは常道で、この作品にも「好中球」という名のたくましい青年（好中球は白血球の一種である）が登場する。ウイルスや細菌の造形は、往年の悪役俳優のように、あまりにも悪役すぎる外見をしていて、つねに〝ウイルス目線〟でなければ気がすまない僕としてはいささか文句をつけたいところではあるが、それを差し引いたとしても面白く、読ませる作品である。

もちろん、実際の細胞があんなに可愛《かわい》かったり、またイケメンだったりするわけはなく、個々の細胞は決して〝意思〟はもたず、恋をすることもない。意思というのは神経系（それも大脳などの中枢神経系をもつもの）の成せる業《わざ》だから、神経系をもたない平板動物みたいなものは、たとえ多細胞生物であっても意思をもつとは思えない。単一の細胞であれば、なおさらである。

そんな細胞たちの表面を覆《おお》っているのは、たくましい筋肉でも可愛らしい制服でもなく、脂質でできた薄い膜、すなわち「細胞膜」である。そしてただ黙々と、自分に与えられた〝仕事〟をし、役割を終えれば死ぬだけだ（作中の主人公たちも、口数は多いが黙々と仕事に邁進《まいしん》している姿が描かれている）。いわゆる擬人化ではあるが、あのように魅力的に表現されると、これまで細胞なんかになんの興味をもたなかった人も、細胞のことをもっと知りたくなるのではないだろうか。

僕としては、ぜひ擬人化されたアカントアメーバを見てみたいと思う。多細胞生物であるヒトの体内ではたらく細胞たちもよいが、単細胞生物の世界もまた魅力的だからである。

生物の基本単位——その二つの意味

細胞（さいぼう）。

いうまでもなくそれは、「細かい胞」と述べられるがごとく、僕たち生物の体をつくる小さな小さな物体であり、そしてその名のとおり「胞（あわのような、あぶくのような何かというイメージ）」のようにやわらかい（じかにそれに触ったことはないけれど）。その表面は、「脂質二重層」でできた膜、細胞膜でできている。なによりも細胞は、それ自体が「生物」でもある。

家がレンガでできていたと思ったら、そのレンガ自身も…

地球上のすべての生物は、細胞からできている。これは現在の生物学界の常識だ。細胞からできていない生物など、この世にはいない。細胞ではないものは、生物ではない。いやむしろ、細胞からできているものを、僕たちは「生物」とよぶのである。

そしてもう一つ、細胞について次のような言い方がなされる場合がある。細胞は生物の「基本単位」である、というものだ。これにはおそらく、二つの意味が含まれる。一つは、細胞は生物の「構造上の基本、かつ最小単位」であるということ、そしてもう一つは、細胞は生物の「機能上の基本、かつ最小単位」であるということである。

構造上の基本単位という場合、話は簡単だ。言い換えると、細胞は生物という〝建物〟をつくっている〝ブロック〟である、ということである。

レンガの家における一つひとつのレンガこそ、まさにそのイメージだ。

しかしながら、レンガはあくまでもレンガであって、それ自身がレンガの家と同じレベルの意味をもつことはない。レンガの家には「家」という役割が備わっているが、一個一個のレンガは「家」とはいえまい。これが、細胞とレンガが大きく違うところだ。

細胞は、それ自体が「生物」であるから、たとえ多細胞生物の〝ブロック〟であったとしても、個々の細胞にはある程度の自由もある。たとえば、『はたらく細胞』の主人公でもある免疫細胞たちは、体に侵入してきた異物を攻撃し、処理することを求められ、体中を遊走する能力をもたされている。時にはその作用が過剰にはたらいて、僕たちにアレルギー反応を引き起こしたりもする。

これと同じように、泥棒が入ったことを察知して、自分自身を構成する一個一個のレンガでその泥棒を攻撃するような家ができたら面白いとは思うが、そういうことは、ハリー・ポッターの世界以外ではまずあり得まい。しかし、細胞の世界では、それが現実なのである。

要するに、生物という〝家〟にとって、細胞というのは〝レンガ〟であり、かつ単なる〝レンガ〟ではなく、それ自身も〝家〟だったということである。

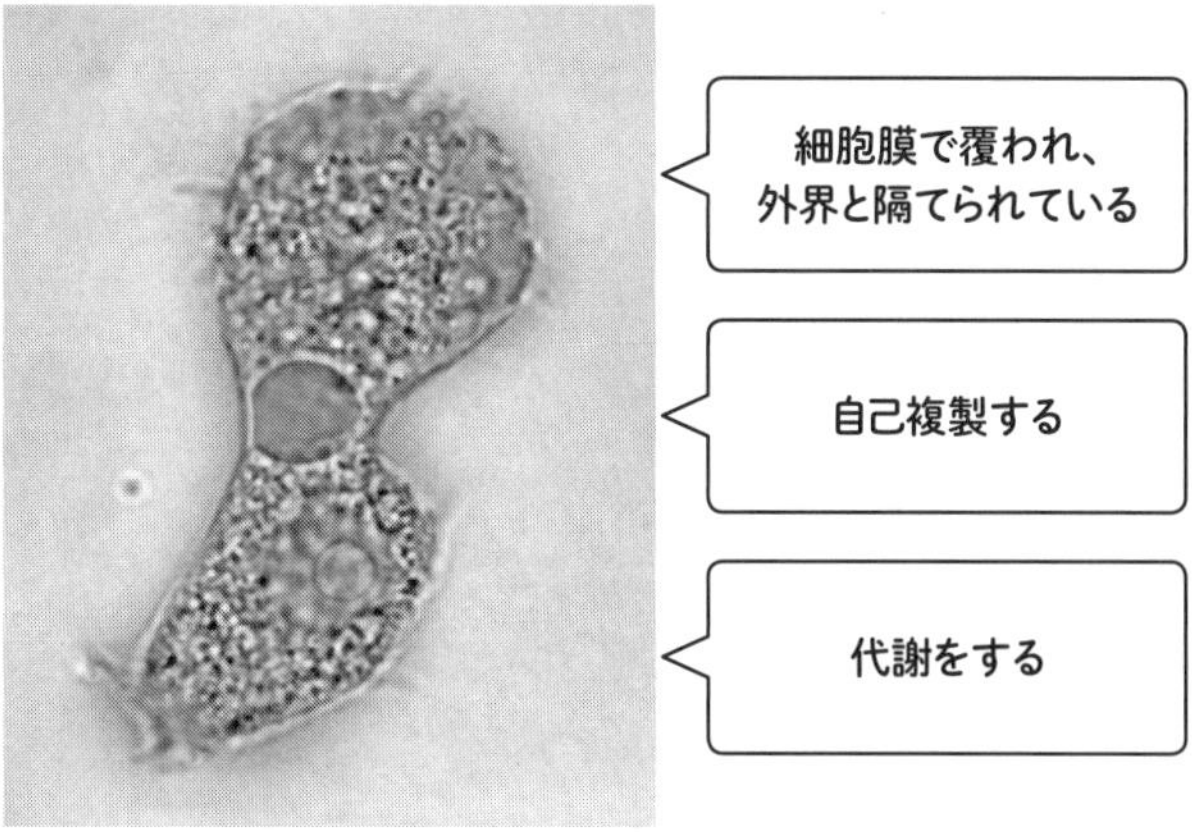
細胞膜で覆われ、
外界と隔てられている
自己複製する
代謝をする

図0-2 細胞の3つの条件（はたらき）
写真は、アカントアメーバ*Acanthamoeba castellanii*の元気な姿である
（写真：東京理科大学武村研究室）

細胞のはたらき

このことは、「機能上の基本単位」という概念とも関連するので、ここであらためて、細胞が「細胞」とよばれるために備えていなければならない機能、つまり、細胞の「はたらき」をおさらいしておこう。それには、大きく三つのものがある（図０−２）。

まず一つは、細胞膜で覆われ、外界と空間的に分け隔てられていること。第二に、自己複製すること。そして第三は、代謝をすることである。代謝とは、外界から新たな物質を取り入れてエネルギーを取り出したり自分の体をつくったり、あるいは要らなくなった物質を体外に排出したりする、いわば体内で起こっているすべての化学反応をひっくるめたものを指す。

一つめの「膜で覆われている」というのは「はたらき」というより「構造」であるともいえるが、それによって「外界と自らの内部を分け隔て」、さらに「必要な物質を外界とのあいだでやり取りする」ということであるから、立派な「はたらき」だといえる。

この三つの「はたらき」を兼ね備えたものが、「細胞」と名乗る資格を与えられ、それを〝ブロック〟としてつくられているものが「生物」であると主張する権利が与えられているのである。そして、細胞自身もまた生物なのだ。

動物か、植物か――じつは大した違いではない!?

「生物の世界を代表する二つのものを挙げよ」といわれたら、多くの人は「動物」と「植物」を挙げるだろう。

実際、生物の教科書に掲載されている細胞の図は、たいてい「動物の細胞」と「植物の細胞」の模式図である（図0‐3）。そしてたいてい、「核」や「ミトコンドリア」、「小胞体」など、両方の細胞に共通する構造が描かれ、それに加えて動物の細胞にしかない「中心体」、植物の細胞にしかない「細胞壁」や「葉緑体」が描かれている。

だが現在の生物学では、「動物」あるいは「植物」という分類は正式なものではなく（もちろん意味のある分け方ではあるが）、いくつかの系統をまとめて「動物」、「植物」と呼びならわしているにすぎない。

動物というと通常、哺乳類に代表される生物をイメージするが、生物学における「動物」には、哺乳類のみならず鳥類、爬虫類《はちゅうるい》、両生類、魚類の全脊椎《せきつい》動物と、昆虫やエビ・カニなどの節足動物、イカ・タコや二枚貝などの軟体動物、ヒトデ・ウニなどの棘皮《きょくひ》動物など、光合成ができずに他の生物を食べることによってのみ栄養を摂取し、エネルギーをつくり出す生物のほぼすべてが含まれる（そのような生物を「従属栄養生物」といい、光合成をすることができる植物などを「独立栄養生物」という）。

それらの代表として、何の細胞なのかわからないけれども、とにかくいっしょくたにした平均的な「動物細胞」が、教科書には描かれているわけだ。植物も同様で、おそらく通常イメージされる陸上植物や緑藻《りょくそう》類などの代表として、細胞壁と葉緑体をともにもつ平均的な「植物細胞」が、教科書には描かれている。

動物と植物という二つの大きな生物のグループは、わが国の生物教育においては大きな意味をもっている。小学校の理科で最初に学習するのは、動物の育て方やからだのつくり、そして植物の育て方やからだのつくりだ。それが中学校、高等学校へと移り変わっていっても、やはり基本

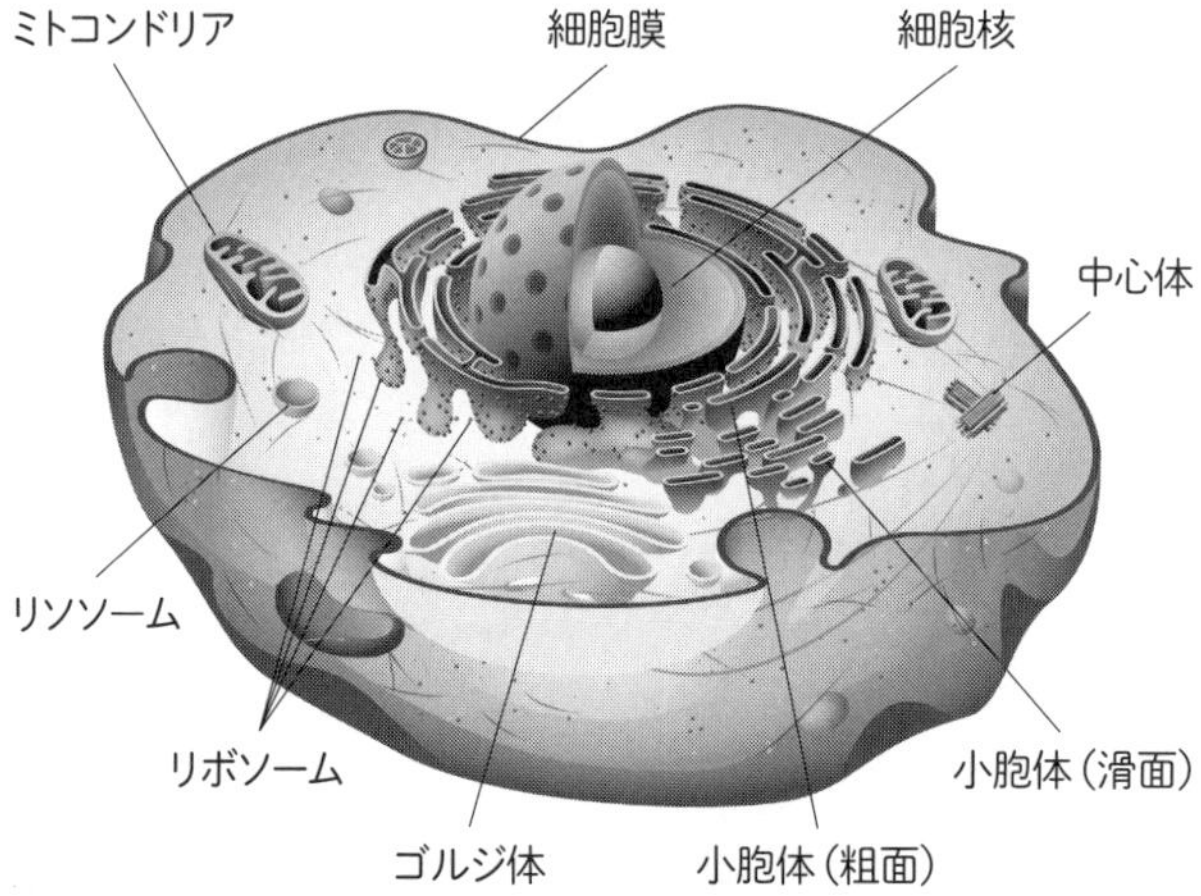

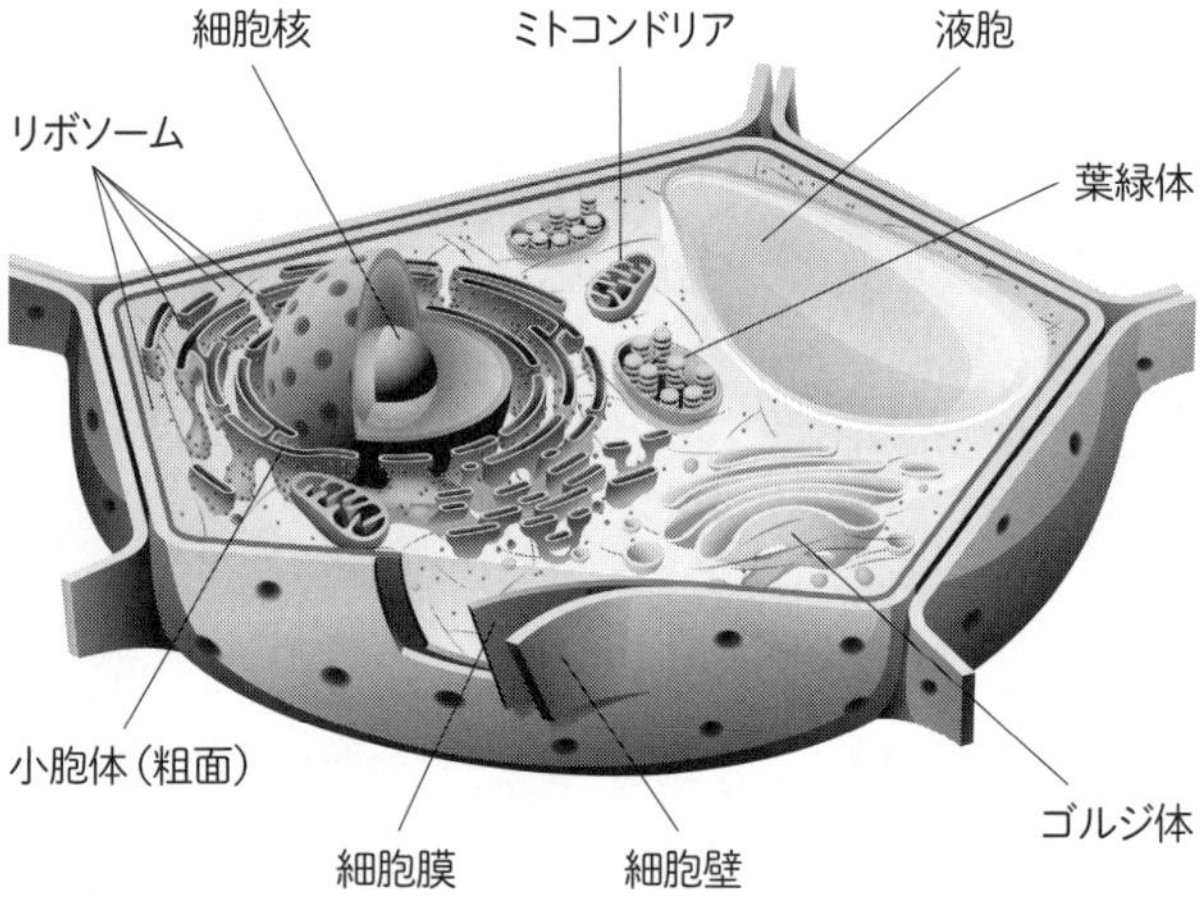

図0-3 動物細胞（上）と植物細胞
だいたいどの教科書にも載っている図。それぞれ動物細胞と植物細胞の平均的な構造が描かれている

は動物と植物それぞれのしくみを学習していく。だから、細胞には二つの形態、すなわち「動物細胞」と「植物細胞」があるという教科書の記述は間違ってはいないし、おそらく多くの人にとってなじみのあるものだろう。

しかしそれは、生物の世界にこの二種類の細胞しか存在しない、ということでは決してない。

原核生物か、真核生物か——生物は細胞で分けられる

僕たちの細胞には、「細胞核」とよばれる大きな構造体がある。後から述べるが、この構造体には遺伝子の本体であるＤＮＡ（デオキシリボ核酸）が納められており、その細胞における遺伝子の発現（遺伝子を設計図としたタンパク質がつくられること）のスタートの場となっている。いわば、細胞の〝司令塔〟である。

この〝司令塔〟が細胞内に存在する生物を「真核生物」といい、動物や植物はこれに含まれる。もちろん、アカントアメーバのように、目に見えない単細胞生物のなかにも真核生物は山ほどいる。その一方で、細胞核がない生物もおり、それは知られているかぎりにおいてすべて単細胞生物であって、「原核生物」とよばれている。バクテリアなどがこれに含まれる。ただし、細胞核はないけれども、遺伝子の本体であるＤＮＡはきちんともっている。

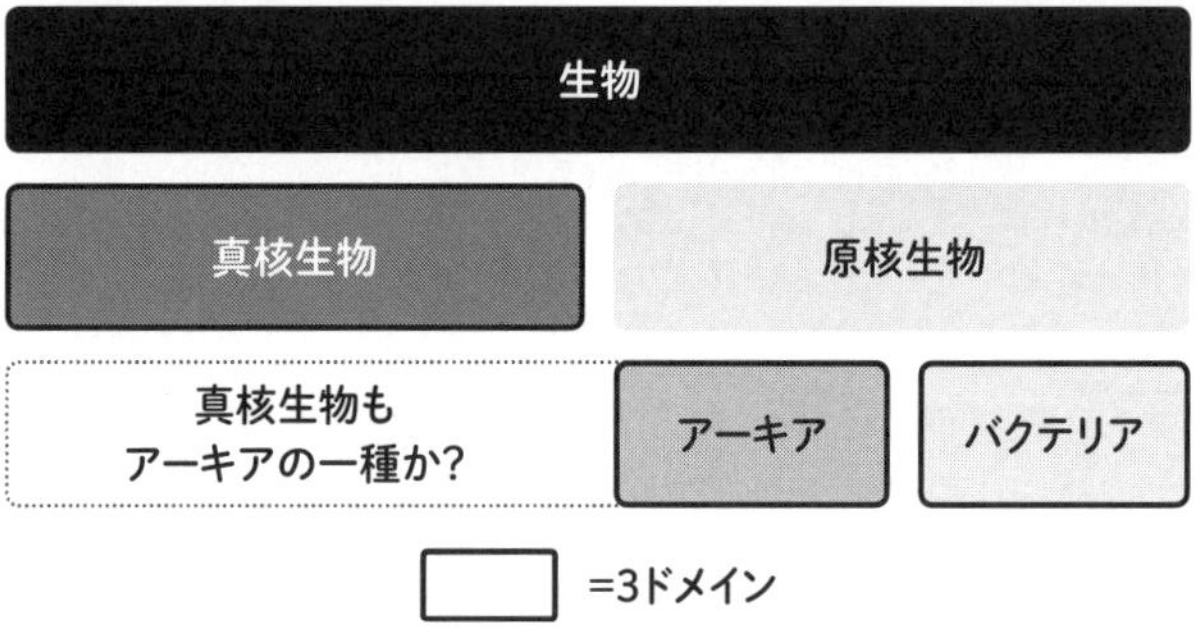

図0-4 バクテリアとアーキア　3ドメイン
生物は大きく原核生物と真核生物に分けられ、原核生物はさらにバクテリアとアーキアに大別される。バクテリア、アーキア、真核生物を3ドメインという。真核生物もアーキアの一部であるとする考え方もある

「生物界をまず二つに分けよ」といえば、生物をよく知っている人なら「真核生物と原核生物に分けたらええんやろ」と答えるであろう。なにせこの二つの生物たちは、共通の祖先をもつとはいえ、現在はその細胞の構造が違うだけでなく、進化の歴史も系統も異なるからである(図0−4)。

ただ、僕なら「生物界をまず二つに分けよ」といわれたら、「バクテリア」と「アーキア」に分けるだろう(図0−4)。バクテリアもアーキアも、じつはともに原核生物である。アーキアというのは日本語で「古細菌」といい、二〇世紀後半になって存在が明らかになってきた原核生物だが、驚くべきことに、同じ原核生物であるバクテリアよりも、真核生物である僕たち人間のほうにより近縁だというシロモノである。

教科書的には、生物の世界は大きくバクテリ

ア、アーキア、真核生物という三つの巨大グループ（「ドメイン」あるいは「超界」という）に分けられるとする学説、すなわち「三ドメイン説」が最も広く普及しているが、じつはまだよくわかっていないことも多い。真核生物は「アーキアの数ある〝分家〟の一つ」にすぎない、という考え方もあるくらいで、だから生物をまず「バクテリア」と「アーキア」に分けるという考えが出てくるわけだ。

ただし、〝ウイルス目線〟でみると、ウイルスは真核生物か原核生物のどちらかにしか感染しないし、またバクテリアにはバクテリアに感染するウイルスが、アーキアにはアーキアに感染するウイルスが、そして、真核生物には真核生物に感染するウイルスがそれぞれ存在する。そのため、ウイルス目線で考えると、生物の三ドメイン説は受け入れやすいように思われる。

このように、生物は細胞の性質によって分類されることが現在では当たり前となっている。

区画から基本単位へ——「cell」の誕生

それでは、「細胞」の存在を、僕たち人間はいつからはっきりと認識するようになったのだろう。

細胞の歴史そのものは生物の誕生以来、何十億年もあるわけだが、ここではそうではなく、

「人間が細胞をどのように見出してきたか」に関する歴史、つまり「細胞の発見の歴史」についてて簡単に触れておく。それは一七世紀に遡《さかのぼ》る。

史実としてたどることができるのは、おそらくイギリスの科学者（当時の科学者には物理学者とか生物学者とか、そういった細かい〝種類分け〟はなかった）であったロバート・フックによる『ミクログラフィア（顕微鏡図譜）』の刊行年、すなわち一六六五年である。同書は、世界で初めて「cell」、すなわち、現在の日本語でいう「細胞」という言葉が使われた本として有名である（図0－5）。そして、フックの科学者としての観察眼が、これでもかといわんばかりに凝縮された本でもある。

フックはそもそも、物理学者としての側面が有名で、ばねに関する「フックの法則」の発見者こそ彼である。フックが「cell」を見つけることができたのは、コルク（ワインボトルなどの栓にするためのアレ）がどうしてあのような弾力に富むのかについて、物理学者として着目したからであった。そして、自作の顕微鏡を使ってコルクの断面を観察した結果、コルクがきわめて細かい〝独房〟のような部屋でできていることが判明したのである。フックはそれに、「cell（独房）」と名づけたのであった。

コルクは死んだ植物の組織であるが、フックは自ら、生きた植物の組織、たとえばイラクサの葉の裏においても同様の「cell」構造を観察している。もちろん、今の考え方でいうところの生物の基本単位としての「cell」の重要性までをも含めて、フックが発見したというわけではないが、のちに「すべての生物は細胞からできている」という常識を確立するきっかけが、フックによってつくられたとはいえるだろう。

フック以後も、多くの植物学者たちが植物の組織を顕微鏡で見て、「cell」構造を観察しつづけた。たとえば、イギリスの植物学者ネーミア・グリューは、マツやアザミなどの詳細な植物解剖図を描き、植物の構造の観点から、多くの「cell」構造（グリューはこれらに「bladder（浮き袋や気胞を意味し、膀胱《ぼうこう》をも表す）」の名前を与えた）を観察した。

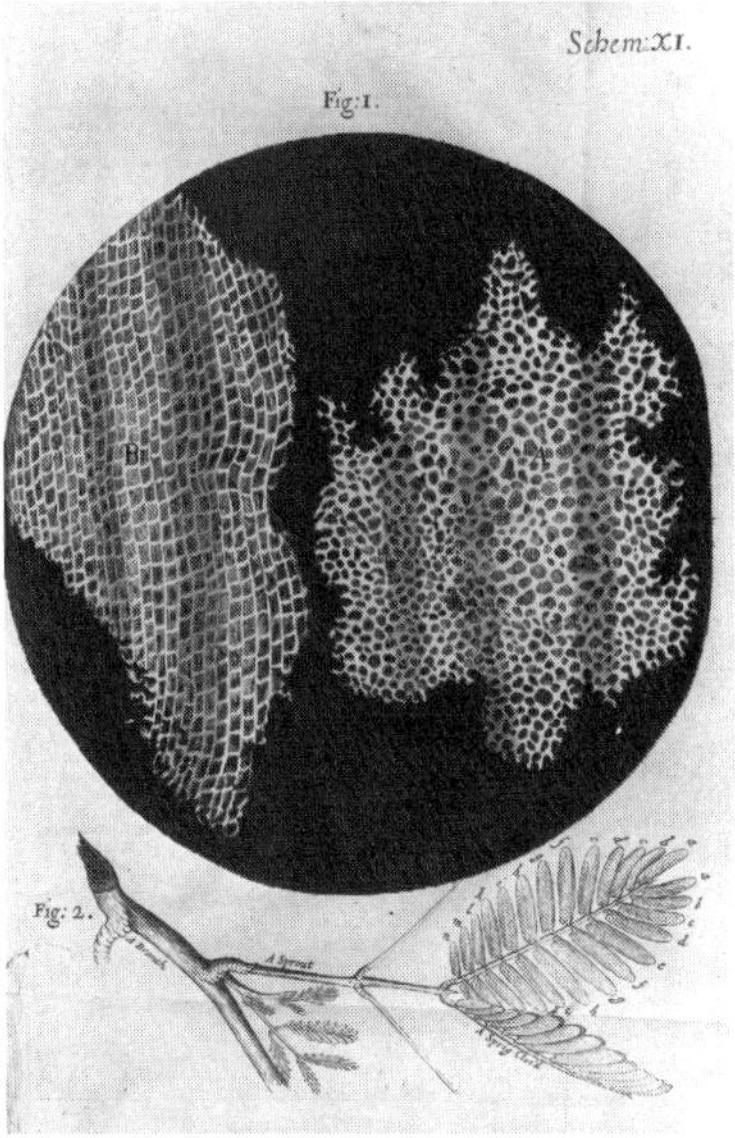

図0-5 フック『ミクログラフィア』に掲載された「cell」の図（写真提供：Science Source／アフロ）

一方、フックとほぼ同時代人であるオランダのアントン・ファン・レーウェンフックは、生地商を営むアマチュア科学者でありながら、自ら作製したフックのものとは異なる簡単な顕微鏡を用いて、動物や植物など多くのものを観察し、口の中に微小な細菌が生息していることを発見したり、動物の精子を世界で初めて観察したりと、専門の科学者に劣らぬ科学的業績を挙げた。

やがて「cell」構造、すなわち、こうして観察されてきたミクロな「区画」を、他のすべての植物や動物ももっていることが明らかになるにつれ、その「はたらき」としての重要さにも焦点が当てられるようになっていく。一八三〇年代に入り、マティアス・シュライデンとテオドール・シュヴァンという二人のドイツ人生物学者によって、すべての植物と動物が「cell」からできているという考えが提出された。これが現在、「細胞説」とよばれている、生物学を支える大黒柱の初出となる。

一九世紀後半になると、その「cell」が有糸分裂（細胞が分裂する際に、糸のような構造をした染色体、ならびに紡錘《ぼうすい》体が現れることから、こう名づけられた）によって増えることが、ポーランドのエドゥアルド・シュトラスブルガーらによって明らかになった。相前後して、ドイツ（プロイセン）の病理学者ルドルフ・フィルヒョーによって「すべての細胞は細胞から生じる（Omnis cellula e cellula）」ことが理論立てられると、すべての生物は細胞という基本単位から成り、その細胞は細胞分裂によってのみ生じるとする考えである「細胞説」が、その強固な地盤を固め、やがて来る二〇世紀の生物学を形づくっていくことになったのである。

「細胞」という言葉の誕生

では、日本語の「細胞」という言葉は、どのように誕生したのだろう。

今でこそ、日本の科学は欧米のそれとほぼ同等であるが（と思う、たぶん）、フックが「cell」構造を発見した一七世紀は、日本では江戸時代初期にあたり、同等であったとはまだいえない時代であった。だからといって、日本の学問が遅れていたわけでは決してない。自分で薬を調合するほど健康志向が強かったとされる徳川家康が推奨したおかげで、じつは江戸時代には「本草学」とよばれる、薬になる動植物に関する学問が発展していたのである。

しかし、それ以上のミクロな視点はもちえず、そうした視点が日本で花開くには、江戸開府から二〇〇年以上を待たねばならなかった。

一九世紀になって、江戸時代後期の蘭学者にして本草学者の宇《う》田《だ》川《がわ》榕菴《ようあん》が、その著書『理学入門植《しょく》学《がく》啓《けい》原《げん》』（以降、『植学啓原』）で、初めて「細胞」という用語を用いたとされている（図0－6）。大垣藩の藩医の家の出である宇田川榕菴は、代々、蘭学者を輩出した家柄である津山藩の宇田川家の養子となった後、薬を主眼とした本草学を、真に学術的な意味をもつ近代生物学へと脱皮させた、文字どおりわが国最初の化学者であり、生物学者である。

彼の著書（翻訳）『舎密開宗《せいみかいそう》』（原書はイギリスの化学者ウィリアム・ヘンリーの著書『Elements of Experimental Chemistry』）は、わが国初の「化学書」であるとされている。「舎密」とは「Chemie」、すなわち化学のことだ。

一方、生物学に関する榕菴の『植学啓原』は、一八三四（天保五）年に刊行された榕菴の代表作であり、日本で最初の体系的な植物学書であると評されている。『植学啓原』は全三巻から成り、巻之一は植物の分類ならびに栄養器官（根・茎・葉）の形態と生理について記され、巻之二は生殖器官（花・果実・種子）の形態と生理について、そして巻之三は植物の化学に関する記述が連なる。

このうち、巻之一の「材」という項目は、心材、すなわち年月を経て形成された樹木の幹の中心に近い部分に関する解剖学的内容であり、そこに次の記述がある。

「槲《かしわ》の材には五種の木理《きめ》があり、縦横に入り混じっている。縦の木理は三種類あり、横の木理は二種類ある。ふつう、縦の木理のつくりは粗くて大きく、細胞でできている。横の木理はやや細かく、粗いものと細かいものとがある」

〈『植学啓原＝宇田川榕菴』（講談社：現代語訳／矢部一郎・福田泰二）〉

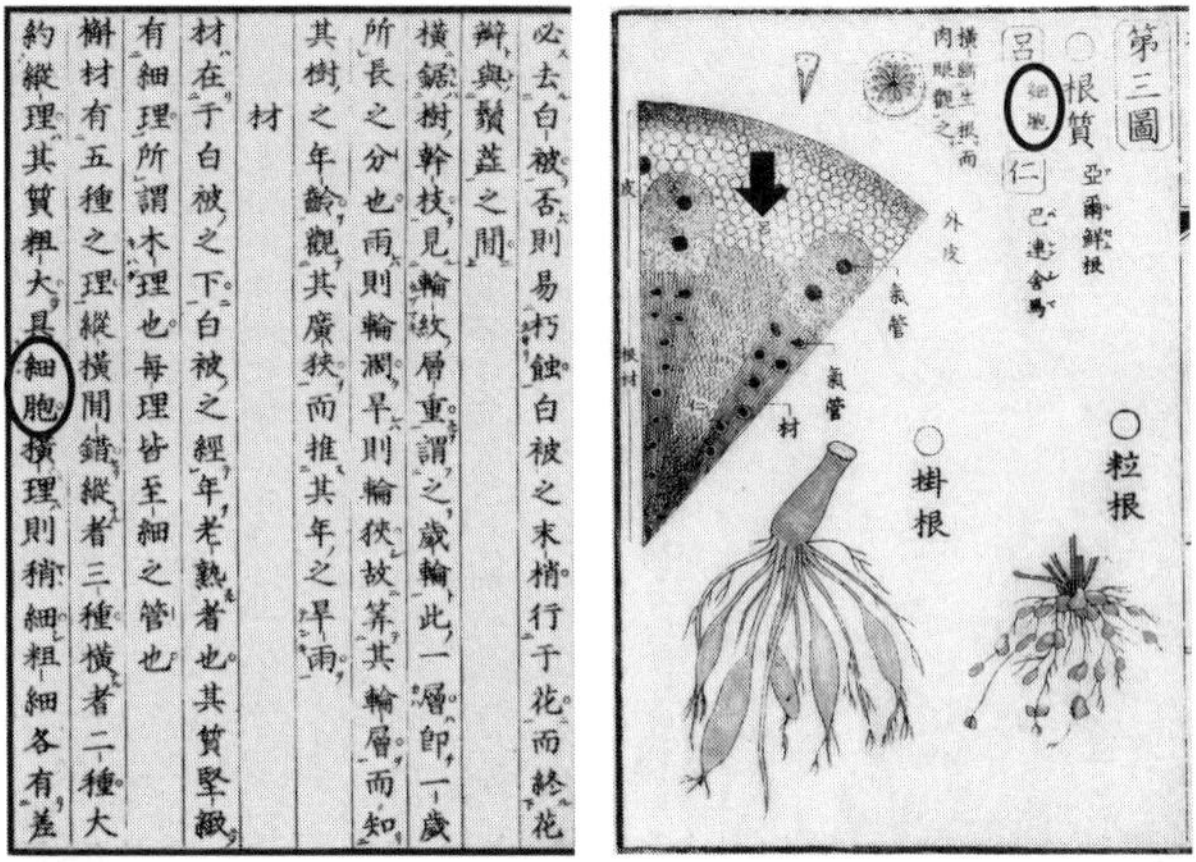

図0-6 宇田川榕菴『植学啓原』に掲載された「cell」の図
茎の断面図の矢印のところに「呂」とあり、「細胞」と記されている

掲載されている図版（第三図・根質）には、樹木の扇形の断面図の「皮」の層を構成する小さな胞状の物体を「呂」（いろはの「ろ」）とし、これを「細胞」と表記している（図0-6）。

このことからもわかるように、榕菴は現代の意味での「細胞」という言葉を用いたわけではなく、植物の構造の一部を指して、そのようによんだのである。すなわち、このときの「細胞」という言葉は、当時の「cell」と同じものを指す言葉ではなかったといえる。

現代の意味での「細胞」という言葉が用いられたのは、幕末から明治期にかけての本草学者・医学者で、日本で初めての理学博士としても知られる伊藤圭介などが活躍した明治時代以降であったわけだが、現在に通じる「細胞」を言葉として成立させた榕菴の存在意義は、やはり大きい。

ちなみに、「細胞」のみならず、現在の、おそらくは一般の人たちにもなじみ深いであろう学術用語のなかには、宇田川榕菴によってつくられたものが数多くある。生物の分類に用いられる「属」、そして「酸素」「水素」「窒素」「炭素」のいわゆる四大元素、さらには「珈琲《コーヒー》」などがそうだ。榕菴はまた、『植学啓原』だけでなく、動物の生物学に関する『動学啓原』も著そうとしていたとされるが、残念ながらその刊行は、榕菴の死によって達成されることはなかった。

宇田川榕菴は、日本の近代科学の、文字どおり「生みの親」なのであった。

細胞を構成する登場人物たち

ここで、フックが発見し、宇田川榕菴が細胞と名づけた「cell」の内部のようすについてざっと触れておこう。すべての細胞についてこれをやると日が暮れるので、ここでは僕たち真核生物の細胞について述べるにとどめる。

細胞の最も外側に存在する、いわば「細胞と外界との境界線」に位置するのが「細胞膜」である（図０－７）。リン脂質という、水にも油にも親和性のある（両親媒性という）脂質の膜が、疎水性の部分どうしで向き合った「脂質二重層」からできており、細胞と細胞とのコミュニケー

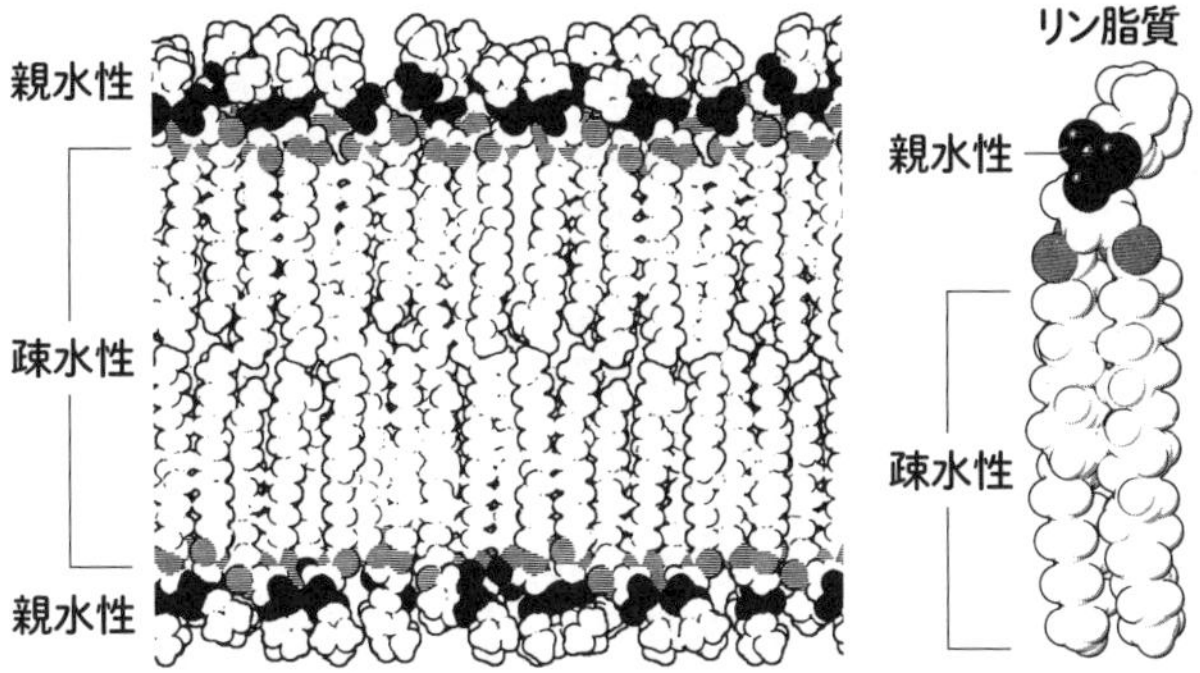

図0-7 細胞膜を構成する脂質二重層（左）とリン脂質
細胞膜はリン脂質の疎水性部分が内側で向かい合い、親水性部分を外側へ向けた膜構造を呈する。いわば、リン脂質によってつくられた細胞の「中」と「外」の境界線だ（David S. Goodsell「The Machinery of Life」1997より引用）

ションや接着などの場になっているとともに、細胞の内側から外側へ、また外側から内側への物質の輸送を担っている。細胞膜の詳細は第1章で述べる。

ここで、自分がミクロな分子になったつもりでイメージしてみよう。

視点を細胞の内側に向けてみると、そこは「細胞質」という名前でくくられた〝内容物〟の世界である。そのほとんどは水分子であるが、そこに大小さまざまな物質、物体、そして大きな構造体がひしめき合っている。

おそらく最初に目につくのが「リボソーム」という物体であろう。リボソームは細胞質に無数に存在する、タンパク質とRNA（リボ核酸）から成る粒子状の物体で、「タンパク質の合成装置」として知られる。タンパク質は生命現象に不可欠で、最も重要な物質であるから、それをつくるための装置も細胞内にたくさん備わっているのである。リボソームの詳細は、第2章で述べる。

ふと目を上げると、リボソームよりも大きな構造体が、細胞質にたくさん浮かんでいることに気づく。それはあたかも、映画『スター・ウォーズ』で描写された、基地に集結した帝国軍の宇宙戦艦「スター・デストロイヤー」のごとくである。こうした構造体は「細胞小器官」とよばれ、細胞内におけるさまざまな機能を担っている。

細胞小器官

細胞質には、時として数千個も存在する比較的大きな細胞小器官「ミトコンドリア」がある。酸素と炭水化物を利用してエネルギーをつくり出すという、きわめて重要なはたらきがあるため、ミトコンドリアの機能を止めると、細胞は即死するともいわれる。もともとは別の生物（バクテリア）だったと考えられている、謎の細胞小器官である。ミトコンドリアの詳細は第3章で述べる。

次に目につくのは、細胞質内に垂れ下がっている何層もの薄い膜である。これは「小胞体」とよばれる細胞小器官である。脂質二重層でできた扁平《へんぺい》な袋状の構造をしており、細胞内に幾重にも折り重なった〝カーテン〟のように存在している。ところどころにリボソームがとりつき、リボソームで合成されたタンパク質を適切な形に整えて、細胞外へと分泌するための下準備をするのが、この細胞小器官のおもな役割である。小胞体の詳細は、第4章で述べる。

そして、細胞内で最も大きな細胞小器官が「細胞核（核）」であり、細胞の中心に大きくデンと居座っているのが見てとれる。『スター・ウォーズ』の例になぞらえれば、帝国軍の本拠地「コルサント」だ。その中には〝生物の設計図〟ともよばれる遺伝子、すなわちDNAが格納されており、遺伝子からタンパク質をつくるべく、そのための〝伝令〟物質であるRNAが合成されている（転写という）。細胞核の詳細は、第5章で述べる。

その他にも、ゴルジ体やリソソーム、ペルオキシソーム、中心体、そして植物細胞では葉緑体や液胞など、さまざまな機能を司る細胞小器官が存在するのを見てとることができる。

細胞の一生

僕たち人間の場合、一生というのは、オギャアと生まれてチーンと死ぬまでを指すわけだけれども、細胞にも「一生」とよべるものがあるのだろうか。

答えは、「ある」ともいえるし、「ない」ともいえる。

先ほど、一九世紀のドイツ（プロイセン）の科学者ルドルフ・フィルヒョーが、「すべての細胞は細胞から生じる」と述べたと書いたが、じつはこれが、細胞の一生をそのまま言い当てているともいえる。つまり、細胞における「オギャア」の瞬間は、その親たる細胞が分裂した時点である、ということであって、その考え方からすると、細胞の「チーン」の瞬間というのは、細胞が分裂して次の世代の細胞が生まれた瞬間である、ということになる。

したがって、正確にいえば、「チーン」ではあっても、その細胞の内容物はすべて次世代の細胞にそっくり引き継がれているわけだから、僕たち人間のような意味での「チーン」ではないのである。これが、「ある」ともいえるし、「ない」ともいえると述べた理由だ。この、分裂から分裂までの細胞の一生、すなわち細胞の一サイクルのことを「細胞周期」という。

もちろん、僕たちの細胞には、造血幹細胞や皮膚の基底細胞のように、分裂を始終繰り返しているものもいれば、心臓の細胞や神経細胞などのように、すでに分裂しなくなっている（ただし、与えられた役割はきちんと果たしている）ものもいる。したがって後者の細胞の場合は、「細胞分裂によって生まれてから、役割を果たして死ぬまで」が一生ということになる。

一生の長さは細胞によってまちまちで、数週間程度ではがれ落ちて死ぬ表皮細胞もあれば、一〇〇日ほど生きながらえる赤血球もいれば、本体である人間の寿命とほぼ同じくらい長生きする神経細胞もいる。そんな細胞のことをすべて語っていたらキリがないので、ここでは、そうした長寿命の細胞ではなく、分裂を繰り返す細胞（真核生物の場合）に限定して、その一生をそのまま意味する細胞周期について概観しておこう。

細胞周期で起こること

細胞周期は、大きく四つのフェーズに分けられる（図0－8）。

細胞は、分裂する前に、自身がもっているDNAをコピーして二倍に増やしておく必要がある。なにしろDNAは、遺伝子の本体といわれる物質だから、分裂した後の細胞にもきちんと受け継ぐ必要があるからだ。その、DNAを複製する準備をしているフェーズが第一のもので、「ギャップ1期（G_1期）」という。次に、DNAを実際に複製する第二のフェーズ、「DNA合成期（S期）」がくる。DNA合成（複製のことだが、化学反応的にいえば「合成」なのである）が終わると、細胞は分裂の準備に入る。それが第三のフェーズ、「ギャップ2期（G_2期）」であり、その後、細胞は第四のフェーズ、「細胞分裂期（M期）」に入るのである。

M期は、細胞内でおこなわれることが複雑怪奇であるため、さらに細かくいくつかのフェーズ（サブフェーズとでもいおうか）に分かれている。といっても、分け方はそれほど難しくはなく、前期、前中期、中期、後期、終期といった具合である。これらのうち、前期から後期までを

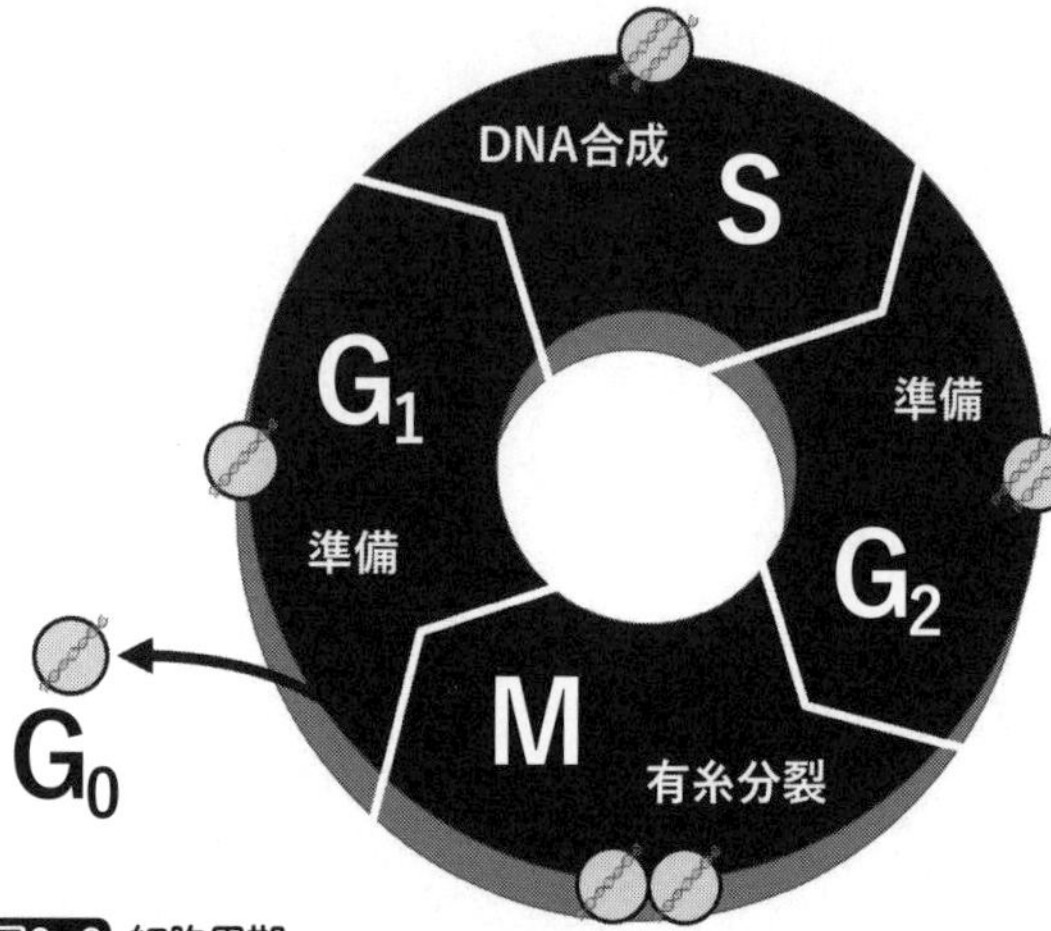

図0-8 細胞周期

細胞周期は、G_1期、S期、G_2期、M期に分けられ、この周期から逃れた（分裂をやめた）細胞は、M期のあとG_0期に入る

「核分裂期」ともいい、終期を「細胞質分裂期」ともいう。

核分裂期では、以下のことが起こる。

まず、複製されたDNAが凝縮して、顕微鏡で簡単に観察できる太い「染色体（中期染色体）」が生じる。それと相前後して中心体が両極に分かれ、そこから染色体に向かって紡錘糸という「チューブリン」タンパク質からなる繊維（微小管という細胞骨格の一つ）が伸びて「紡錘体」が形成される。このとき、細胞核を包み込んでいた核膜は崩壊し、その断片が細胞内に散逸する（消えてなくなるわけではない）。

そして、染色体が細胞中央付近（赤道面）に集まり、両極の中心体から伸びてきた微小管が結合すると、やがて赤道面に集まった染色体が二つの集団（このそれぞれの集団が、一セットのゲノム＝ＤＮＡのすべて。「ゲノムＤＮＡ」ともいう）に分かれ、両極へと引っ張られていく。その後、両極へと引っ張られたそれぞれの染色体がふたたび脱凝縮（凝縮していたものがふたたびゆるく広がること）して見えなくなるとともに、散逸していた核膜の成分が再度寄り集まって、それぞれに細胞核が形成される。

そうして細胞質分裂期を迎えると、動物の細胞では赤道面がくびれるようにして細胞が二つに分かれ、植物の細胞では赤道面に隔壁が生じて、細胞が分裂するのである。

原核生物の細胞分裂も、ＤＮＡ複製→細胞分裂という流れは同じである。ただし、核膜の崩壊とか染色体の凝縮といったダイナミックな現象は起こらない。

細胞が細胞であるために――最も単純なその姿

先ほど述べたように、真核生物の細胞にはさまざまな細胞小器官があり、それぞれが細胞の機能の役割分担をしている。一方、原核生物の細胞は、もっと単純な構造をしている。

原核生物には、真核生物にあるような細胞核（真核）は存在しない。すなわち、ゲノムが核膜によって覆われておらず、細胞質に対してむき出しの状態になっている。だからといって、細胞

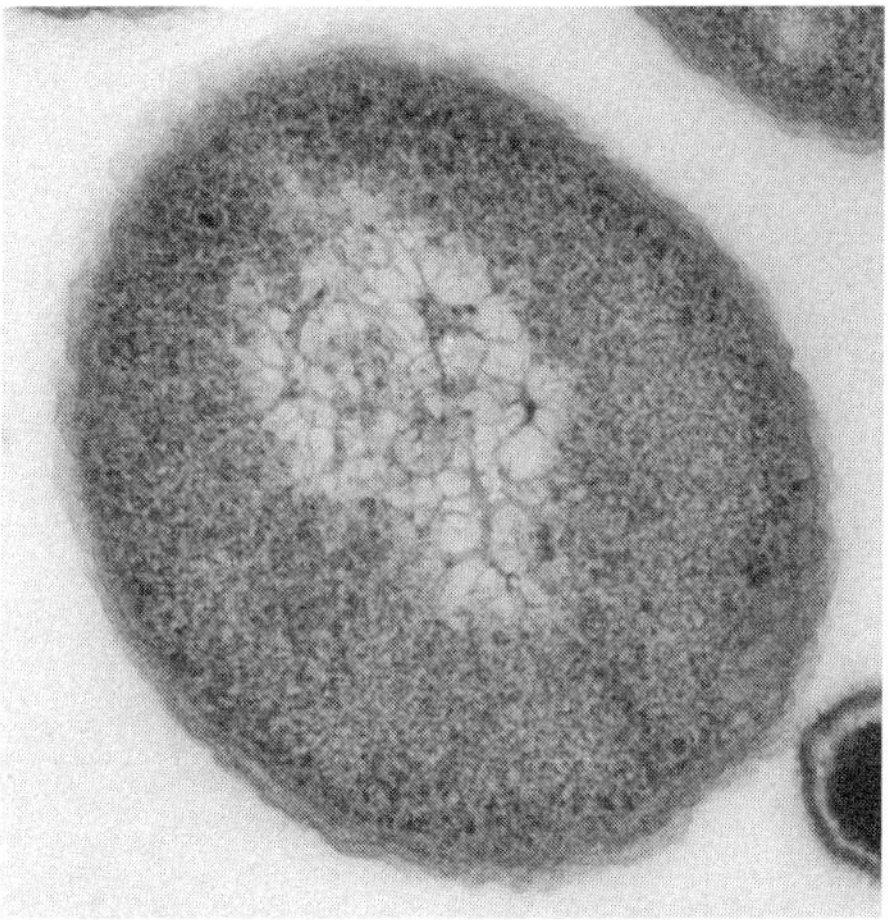

図0-9 原核生物の核様体
バクテリアの一種*Enterobacter aerogenes*の透過型電子顕微鏡像。中央の明るい領域が核様体である
（写真：東京理科大学武村研究室）

質と完全に混ざりあっているわけではなく、電子顕微鏡などでは明瞭に、ゲノムが存在していない部分と区別することができる「核様体」として存在していることがわかる（図０－９）。

通常の原核生物には、真核生物のような細胞小器官は存在せず、細胞内はゲノムＤＮＡとタンパク質、そのタンパク質をつくり出す無数のリボソームや、その他ＲＮＡなどの生体高分子、タンパク質の材料となるアミノ酸などの低分子物質、そして水分子で満たされているにすぎない。

ということは、真核生物の細胞よりも単純な原核生物の細胞こそが、「細胞が細胞であるために」重要なポイントをそのまま体現しているとみてよい。特に、原核生物のなかでもさらに単純なものを指標にすれば、いったい何をもって「細胞」といえるのかがわかるということになる。

では、原核生物のなかでも最も単純なものとはどういうものかというと、今のところはおそらく、「マイコプラズマ」とよばれるグループの生物たちだと思われる（図0－10）。マイコプラズマ科マイコプラズマ属に分類されるバクテリアで、サイズはきわめて小さく、細胞壁がない。細胞の培養液などの濾過《ろか》滅菌などに用いられる〇・二二マイクロメートルの孔《あな》が開いた濾紙をもやすやすと通過してしまう。やすやすと通過するのは、細胞壁がないことで細胞の形が柔軟だからという理由もあるが、なんといっても、そもそも小さいからである。

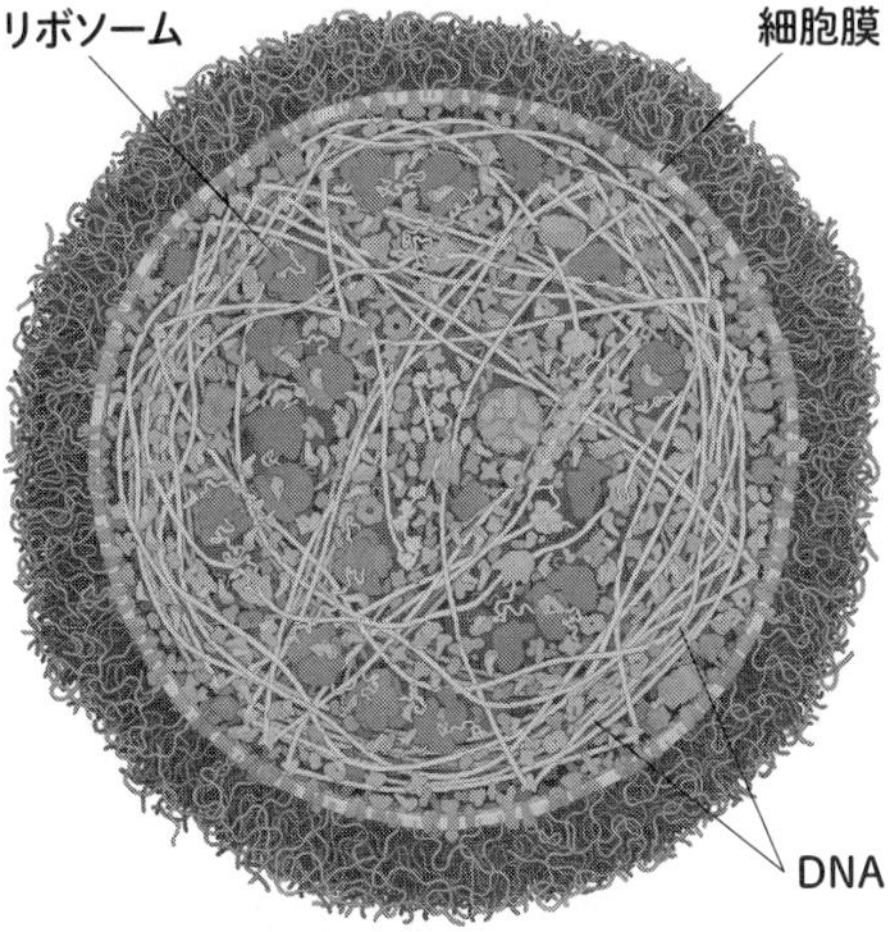

図0-10　最小の細胞＝マイコプラズマ
（Illustration by David S. Goodsell, The Scripps Research Institute. doi :10.2210/rcsb_pdb/goodsell-gallery-011）

　マイコプラズマの細胞には細胞壁がないため、低分子物質や生体高分子を別にすると、マイコプラズマは細胞膜と、その中に納められたＤＮＡ、そしてタンパク質を合成するためのリボソーム、ただそれだけで構成されているようなものだといえる。

つまりこれが、細胞をつくるための〝最低限の要素〟であるといえる。細胞膜、ＤＮＡ、そしてリボソーム――。これらと、これらを動かすための低分子物質やタンパク質、ＲＮＡさえ備わっているものであれば、「細胞」として堂々と、生を謳歌することができるのである。

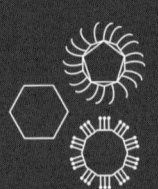

第1章

細胞膜

――細胞を形づくる「脂質二重層」の秘密

cell membrane

「形がある」というのは、生物にとって非常に大切なことである。

しかも生物はその形を、生まれてから死ぬまで、ずっと維持していなければならない。生物の形とはすなわち、それを形づくる最も大切な存在である「細胞」の形だ。そして細胞の形は、その表面を隙間なく覆い尽くす脂質でできた膜、「細胞膜」の形そのものである。

もちろん例外はある。細胞膜よりもさらにその外側に硬い殻を配置するような細胞も、この世界には山ほどいる。たとえば植物の細胞とか、バクテリアの細胞などがその類である。しかし、そうした硬い殻（「細胞壁」という）で覆われているような細胞であっても、細胞の表面の形を決め、さらに細胞そのものの活動に大きく関わっている細胞膜は、そんな殻よりもはるかに機能的で、活動的だ。

細胞の形を決めるという重要な役割を果たすその一方で、細胞膜はじつのところ、細胞の弱点にもなり得る。細胞はつねに、ウイルスの侵入という非常事態にさらされており、細胞膜はその唯一の侵入経路となっているからだ。そしてウイルスが生き、増殖できるのもまた、細胞膜が存在するがゆえなのである。

これは、そうした喜怒哀楽すべての表情を垣間見せる、愛すべき「脂質二重層」の物語である。

ウイルスと細胞の違い——果たしてそれがあるかないか

細胞の本なのにウイルスの話から始めるという芸当は、一見するとおかしなことのように思われるかもしれない。なぜなら、すでに述べてきたように、ウイルスは生物ではなく、かつ細胞でもないからだ。

しかし、「ウイルス目線で細胞を見る」という言葉を出せば、「なるほど」と納得していただける方も多くおられることであろう。しかも、この本の原稿を書いているのは二〇二〇年七月、新型コロナウイルス禍の真っ只中《ただなか》だ。ウイルスに対する世間の興味・関心がこれ以上ないと思われるほど高まっていることと、この地球が「水の惑星」ならぬ「ウイルスの惑星」であることが徐々に明らかになりつつあることに鑑みて、ウイルス目線で細胞について考えることには意味がある。

最も単純な細胞であるマイコプラズマが、ＤＮＡとリボソームが細胞膜で包まれているという形をしているのに対して、基本的にウイルスは、遺伝子がタンパク質の殻（カプシドという）で覆われているだけという至極単純な形をしている。ウイルスが細胞ではない理由は第一に、それが「膜」で覆われていないからだ。しかし、それで「はい終わり」というわけにはいかない。

というのも、今しがた「基本的に」と述べたように、ウイルスにはさまざまな種類があって、

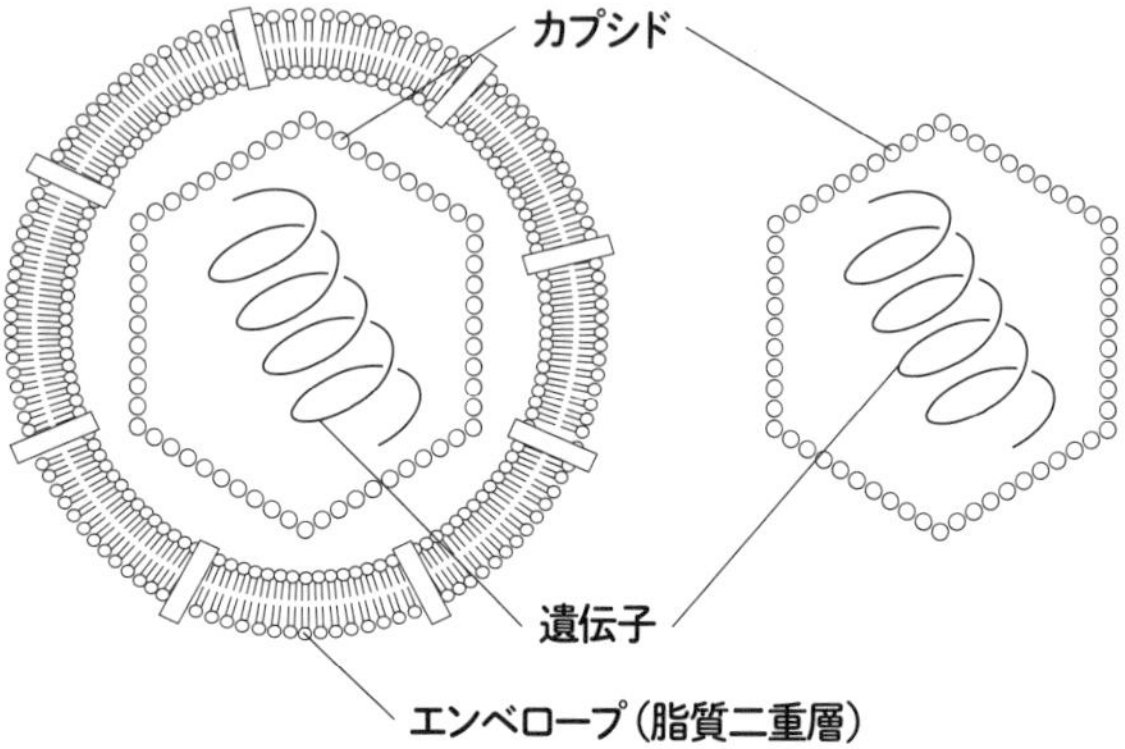

図1-1 エンベロープウイルス（左）とノンエンベロープウイルス

さまざまな形がある。なかには、カプシドのまわりを、細胞膜と同じ成分でできた「膜」で覆っているものも存在するのである。その膜を「エンベロープ」といい、エンベロープで覆われたウイルスを「エンベロープウイルス」という（図1－1）。

インフルエンザウイルスが、最も有名なエンベロープウイルスの例である。彼らはエンベロープに細胞に感染するためのタンパク質をたくさん埋め込んでいて、それを器用に使って僕たちののどや気管の上皮細胞に入り込む。

二〇二〇年になって世界的に感染が拡大し、パンデミックを引き起こした「新型コロナウイルス」も、エンベロープウイルスである。新型コロナウイルスは、インフルエンザウイルスと同じくゲノムをRNAの形でもつ「RNAウイルス」の一種であり、コロナウイルス科に属している。エンベロープ、すなわち脂質の膜で覆われているため、アルコールや石鹼《せっけん》でよく手洗いすることが有効な予防手段になる。

一方、エンベロープをもたずに、カプシドが最も外側に位置する「ノンエンベロープウイルス」としては、ノロウイルスやアデノウイルスなどが有名である。

つまり、ウイルスには、膜（エンベロープ）で覆われているものと覆われていないものとがいる。言い換えると、ウイルスは「膜がなくてもウイルスである」といえる。これに対し、細胞の場合は、すべての細胞の表面が膜で覆われている。「膜がないものは細胞ではない」のであって、これが、ウイルスと細胞とで大きく異なる点であるといえる。

膜の正体——「包まれる」ことはなぜ重要か

先ほどから膜、膜、と述べているが、細胞膜やエンベロープの正体はいったいなんなのかというと、それは「脂質二重層」とよばれるもので、主成分は「リン脂質」である。

ざっくりと説明してみよう。

グリセリンという小さな分子に、脂肪酸というきわめて水になじみにくい性質（疎水性という）をもった細長い脂質分子が二個、さらに、リン酸というきわめて水になじみやすい性質（親水性という）をもった分子が一個、それぞれ結合してできた物質、それがリン脂質である。一個のリン脂質の分子に、水になじみやすい部分（親水基）と水になじみにくい部分（疎水基）の両方があるため、親水基を外側に、疎水基を内側に向けるようにして二個のリン脂質が向かい合わせでくっつき合い、さらに疎水基を水から遠ざけるためにたくさんのリン脂質が層状に集合することで、水溶液の中で薄い二重の層ができる。

これが「脂質二重層」である（35ページ図0-7参照）。細胞膜もエンベロープも、この脂質二重層でできている。

水が豊富に存在しているこの世界で生きている細胞だからこそ、脂質二重層という存在と、それに包まれることに大きな意味が出てくる。

細胞は、原始の地球で、雑多な化学物質が膜で包まれたことにより誕生したとされる。「膜で包まれていることこそ細胞のすべてである」とも、「膜は生物の〝乗り物〟（vehicle）である」ともいわれる。

「膜で包まれる」ことが、なぜ重要だったのか？

それは、膜で包まれることで雑多な化学物質たちがひとところに寄り集まり、その結果、分子どうしの衝突（化学反応が起こるための最も重要な現象）が起こる頻度が高まることになったからだ。細胞の中では、とてつもなく多くの化学反応が起こっていて、そのおかげで僕たちはエネルギーを得たり、体をつくったり、活動したりできる。そうした化学反応は、原始地球において、膜で包まれた「閉じた空間」ができたからこそ可能になったのである。

ウイルスはなぜ、細胞に感染するのか――謎解きはタンパク質にあり

雑多な化学物質が、脂質二重層によって押し込められた「閉じた空間」――。それこそが、僕たち生物の共通祖先である。だからこそ、その子孫であるすべての生物（の細胞）は、その脂質二重層の子孫たる「細胞膜」によって覆われ、形をつくることができているともいえるわけだが、世の中にはその膜を利用して細胞の中に侵入し、あわよくばこれを乗っ取ろうと手ぐすねを引いている連中もいる。それこそが、「ウイルス」だ。

上述したように、ウイルスが細胞ではない理由の第一は、彼らのなかに「膜で覆われていない」ものもいるからだった。「第二」というからには、他にも理由がある。

第二の理由は「なぜウイルスは細胞に感染するのか」に解答を与えるものである。それは、ウイルスは自分ひとりの力だけでは「タンパク質」をつくることができないから、というものだ。

タンパク質は、アミノ酸という物質がたくさんつながってつくられるもので、その英語名「protein」がラテン語の「第一人者」という言葉を語源としていることからもわかるとおり、僕たち生物にとって最も重要な物質であるといえる。すべての生命現象を担い、すべての細胞を形

づくっているのがタンパク質であり、タンパク質の存在なくして、僕たち生物は生きていくことができない。いや、そもそもタンパク質がなくては僕たち生物は生存し得ない。

その重要な物質を、僕たち生物は、自身の細胞の中で、自力できちんとつくることができる。タンパク質にも寿命があるから、はたらいているうちにやがて古くなり、分解される。そのため僕たち生物は、タンパク質を補充するために、つねにタンパク質をつくり続けなければならない。タンパク質をつくることができて初めて、ソレは生物として認められるのである。

ウイルスだって、子孫を残さなければならないし（というより、残すことになっているし）、タンパク質でできた殻（カプシド）はウイルスのアイデンティティを決める重要な要素だから、やはり自分のタンパク質をつくらなければならない。ところが彼らは、自分で用いるタンパク質を、自分の力だけではつくることができない。なぜならウイルスは、「タンパク質の合成装置」であるリボソームをもっていないからである。

だからこそウイルスは、生物の細胞に「感染」して、そこで細胞のタンパク質合成装置＝リボソームを〝乗っ取り〟、タンパク質をつくらざるを得ないのである。

人見知りしない膜たち

インフルエンザに罹《かか》るの罹らないの、ワクチンを打ったの打たないのというのは、もはや日本の冬の風物詩になってしまった観がある。新型コロナウイルスもやがてそうなっていくだろうが、そもそも僕たちはなぜ、インフルエンザウイルスや新型コロナウイルスに感染してしまうのだろうか？

それは、僕たちの細胞が「細胞膜」で覆われているからである。もちろん、細胞膜で覆われていなかったらソレは細胞ではないので、この理由はナンセンスといえばナンセンスだが、インフルエンザウイルスや新型コロナウイルスの細胞への感染メカニズムを紐解《ひもと》くと、細胞膜の性質が大きな理由となっていることがおわかりいただけるはずだ。

先ほども述べたように、脂質二重層は、リン脂質の疎水性部分を水から遠ざけるべく、水溶液中で形成される薄い膜である。テレビのサイエンス番組などではよく、細胞膜をシャボン玉にたとえるシーンが見受けられる。膜のやわらかさと薄さに鑑みて、たとえとしてシャボン玉を持ち出すのは確かに的を射たイメージである。細胞はあんなに大きくはないけれども、大きくなればなるほど体積に比べて表面積の割合が小さくなり、壊れやすくなるという点では、薄い脂質二重層はシャボン玉に似ているかもしれない。

もう一つ、両者が似ている点がある。時に小さなシャボン玉の泡が「融合」し、大きなシャボン玉になることがある点だ。脂質二重層でできた「袋」もまた、小さな「袋」どうしが融合し、

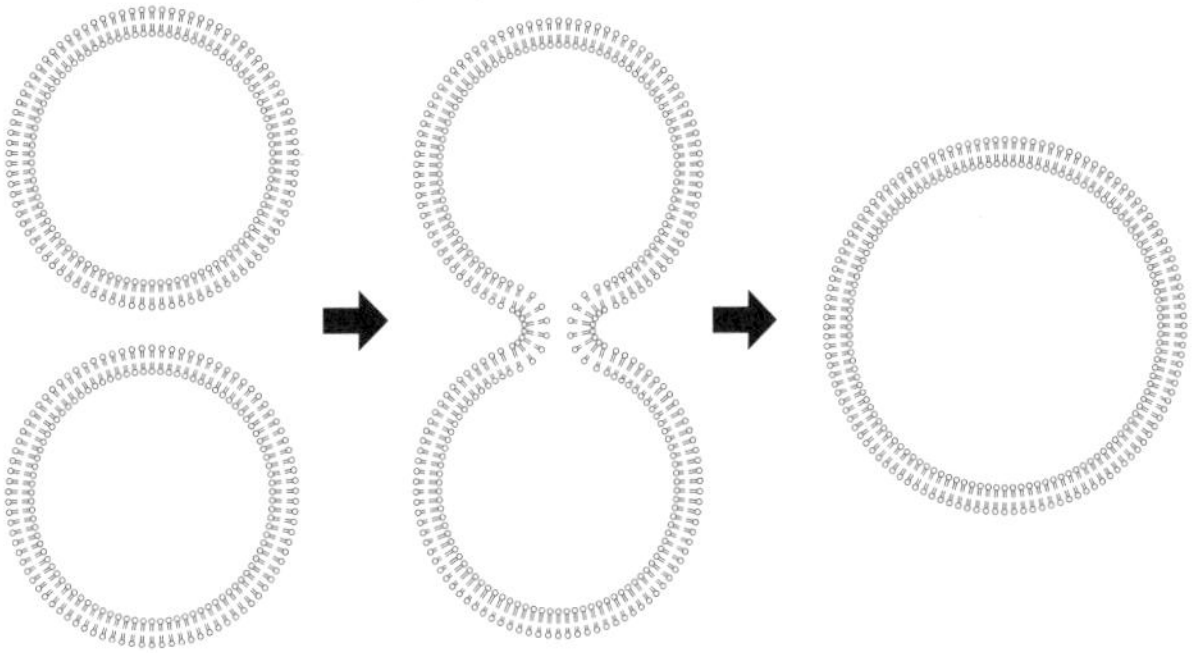

図1-2 脂質二重層でできた“袋”の融合

大きな袋になったりすることがある（図1－2）。

脂質二重層の成分であるリン脂質のうち、脂肪酸でできている疎水基は水を嫌うので、水溶液中では必ず脂肪酸どうしが、真冬の運動場で寒さしのぎのためにくっつき合っている小学生のように、横並びにくっつき合っている。もしここで、鋭い刃物で膜をバサッと切断してしまうと、疎水基が切断面で水と接してしまうことになる。それはおそらく、彼ら（脂肪酸）にとってはとてもイヤなことのはずなので、露出してしまった疎水基は、やはり不本意にも露出してしまった他の疎水基とくっつきたがる。

そこにたまたま別の膜の切断面があると、「あんた初顔やけど、まあええわ」「そらお互いさまやん」とばかりに、一瞬にしてその切断面どうしがくっつき合うのである。人見知りでは、とてもやっていけません。

乱暴なたとえではあったが、もちろん、実際の膜の融合過程はそんなに悠長なものではない。くっつき合った二つの脂質二重層に、ある一定の力が加わることで、ほんの一瞬だけ切断面が生じ、次の瞬間には、何事もなかったかのように、疎水基が露出しないようくっつき合う。この一瞬のうちに起こるステップが、脂質二重層どうしの融合なのである。

しかしここに、細胞がウイルスに容易に感染される余地が生まれてしまうのだ。

エンドサイトーシス

前述のとおり、インフルエンザウイルスや新型コロナウイルスは、エンベロープウイルスである。細胞膜と同じ脂質二重層でできた膜、すなわちエンベロープで覆われている。

初顔合わせであろうがなんだろうが、そこにくっつき合うような力が加われば、いとも簡単に、インフルエンザウイルスのエンベロープと感染先の細胞膜は「融合」することになる。ただし、その「融合」の過程はやや複雑だ。実際にこれらのウイルスのエンベロープが融合するのは細胞膜ではなく、細胞膜に由来する「小胞の膜」だからである。さて、「小胞」とはなんだろう。

ウイルスが細胞に侵入するにあたり、まずはエンベロープと細胞膜とを物理的にくっつき合わせる必要があるわけだが、その点でスキのないインフルエンザウイルスは、そのためのタンパク質をきちんとエンベロープに埋め込んでいる。「ヘマグルチニン」というタンパク質である。

ヘマグルチニンは、糖を認識して結合することができる「レクチン」と総称されるタンパク質の一種である。ヘム鉄を含む赤血球を凝集させる（「アグらせる」と、我々研究者はよんでいる。要するに、「アグリゲイトする＝集める」という意味である）タンパク質として最初に見出されたことから、その名がついた。

一方、感染先の細胞表面は、糖が数珠つなぎにつながった「糖鎖」という物質が、海から突き出してオイデオイデしている幽霊の手のごとく林立している。エンベロープに埋め込まれたヘマグルチニンがこの糖鎖を認識し、結合することで、インフルエンザウイルスは細胞の表面に吸着する。

新型コロナウイルスの場合、エンベロープに埋め込んでいるのはヘマグルチニンではなく、「Sタンパク質（スパイクタンパク質）」とよばれるタンパク質である。新型コロナウイルスのSタンパク質は、ヒトの細胞表面にある「ＡＣＥ２」とよばれる受容体に結合し、細胞内に侵入する。

ＡＣＥ２は、「アンジオテンシン変換酵素２」とよばれるタンパク質で、血圧のコントロールを担うホルモンであるアンジオテンシンⅡの調節をおこなっており、体の多くの細胞膜に存在する。新型コロナウイルスを含むＳＡＲＳコロナウイルスは、ＡＣＥ２を細胞側の受容体として利用し、Ｓタンパク質を結合させて、細胞表面に吸着するのである。

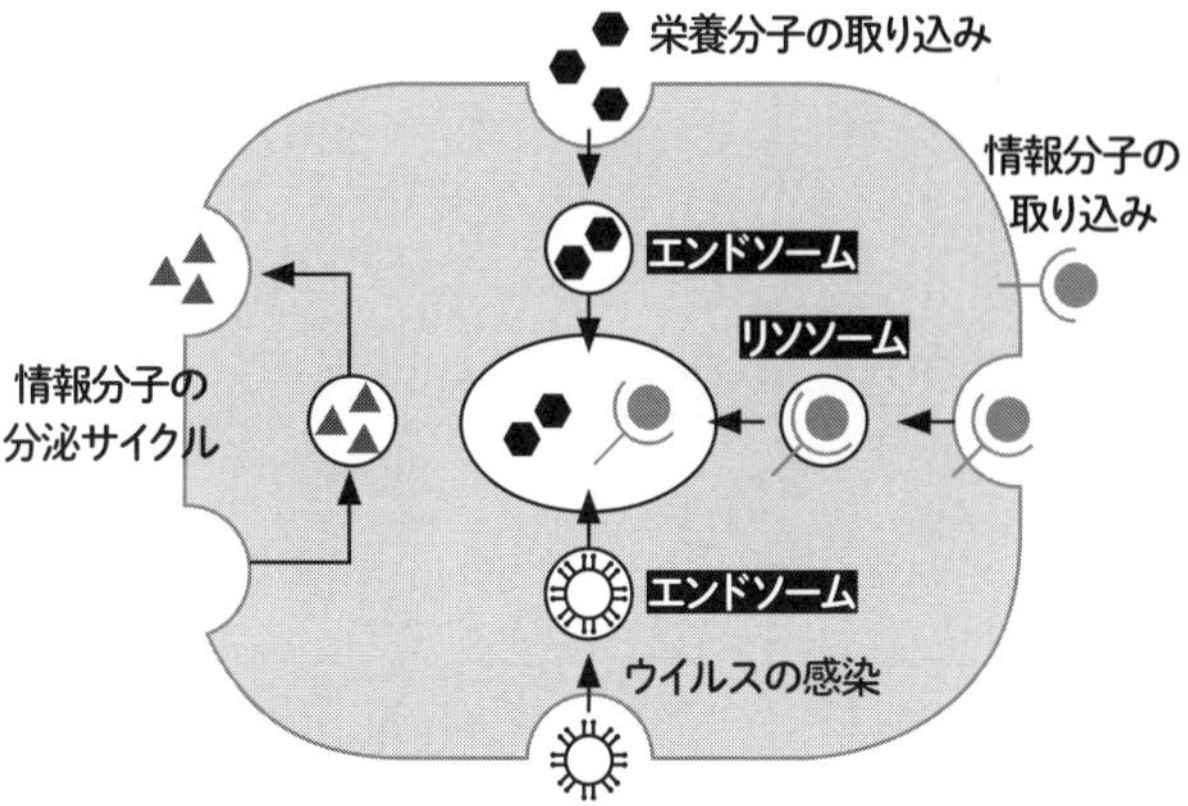

図1-3 細胞の「異物処理システム」=エンドサイトーシス
細胞表面についた異物を「エンドソーム」内に閉じ込めて細胞内部に取り込み、処理するしくみ。ウイルスたちもまた、エンドサイトーシスによって細胞内に侵入する

こうしてエンベロープと細胞膜が物理的にくっつき合ってしまえば、次にくるのはウイルスたちの細胞内への侵入だ。面白いのは、ウイルスが細胞内に「侵入する」のは、意外にも「侵入する」というよりも、細胞に自らを「侵入させる」といったほうがより正確だということである。

というのも、僕たちの細胞は、表面にヘンなものがくっつくと、それを細胞内部に取り込み、処理しようとする性質が備わっているからだ。いわば、細胞が本来もっている「異物処理システム」がはたらくことで、ヘンなものを自らの内部へと誘い込むともいえる（図1－3）。

このしくみを「エンドサイトーシス」といい、この場合、このウイルスたちがまさにその「ヘンなもの」に該当する。つまり、こうだ。

細胞膜の表面に結合したインフルエンザウイルスや新型コロナウイルスを取り囲むように、周囲の細胞膜がウイルスの周囲を覆い、覆いつくしたところでその先端に位置する細胞膜どうしが「融合」する。そして、インフルエンザウイルスや新型コロナウイルスを、もともと細胞膜だった膜でできた細胞内の小胞、「エンドソーム」内に閉じ込めて、細胞内部に引きずり込むのである。これが、先ほど出てきた「小胞」である。

なお、エンドサイトーシスの多くは、細胞膜の内側から「クラスリン」というタンパク質が複数集まって「クラスリン被覆ピット」とよばれるかご状の構造をつくり、それが細胞膜を内側に引きずり込むようにしておこなわれることが知られている。その結果、クラスリンという球状の〝かご〟で覆われた小胞である「被覆小胞」が形成され、その後にクラスリンがはずれて、エンドソームが完成するのである。インフルエンザウイルスの細胞内への侵入も、この「クラスリン依存性エンドサイトーシス」によると考えられているが、近年では、クラスリンが関与しないエンドサイトーシスでも細胞内に侵入することが知られるようになっている。

まんまと侵入に成功する

エンドサイトーシスの結果生じるのは、エンドソームという名の脂質二重層でできた〝袋〟と、その中に取り込まれた、エンベロープという名の脂質二重層でできた〝袋〟である。袋の中にさらに袋が閉じ込められているという、まるでマトリョーシカのような状態だ。

こうしてウイルスをエンドソーム内に取り込んだ細胞は、これを消化しようとして、中身が酸性になった「消化エンドソーム」という別の袋をエンドソームに融合させる。すると、エンドソーム内が酸性になっていくわけだが、このとき、取り込まれた異物がインフルエンザウイルスの場合には、次のようなことが起こる。

エンドソーム内の酸性化により、エンベロープと細胞膜（に由来するエンドソームの膜）をつなぎとめていたヘマグルチニンの立体構造が変化し、それがきっかけとなってウイルスのエンベロープとエンドソームの膜の一部が「融合」する。その結果、ウイルスの内部とエンドソームの外側（細胞質）とをつなぐ〝通路〟が開くのだ（「脱殻」という。図1-4）。その通路を通って、ウイルスの内部にしまわれていた遺伝子が放出される。こうして、インフルエンザウイルス（正確にいえば、そのゲノムであるＲＮＡ）は細胞質への侵入を果たすのである。

一方、新型コロナウイルスの場合もまた、ウイルスがＳタンパク質を介して細胞内に侵入した当初は、細胞膜に由来するエンドソームでウイルスが押し包まれた状態になる。消化エンドソームの作用によってエンドソーム内が酸性化すると、その中に入っている新型コロナウイルスのＳ

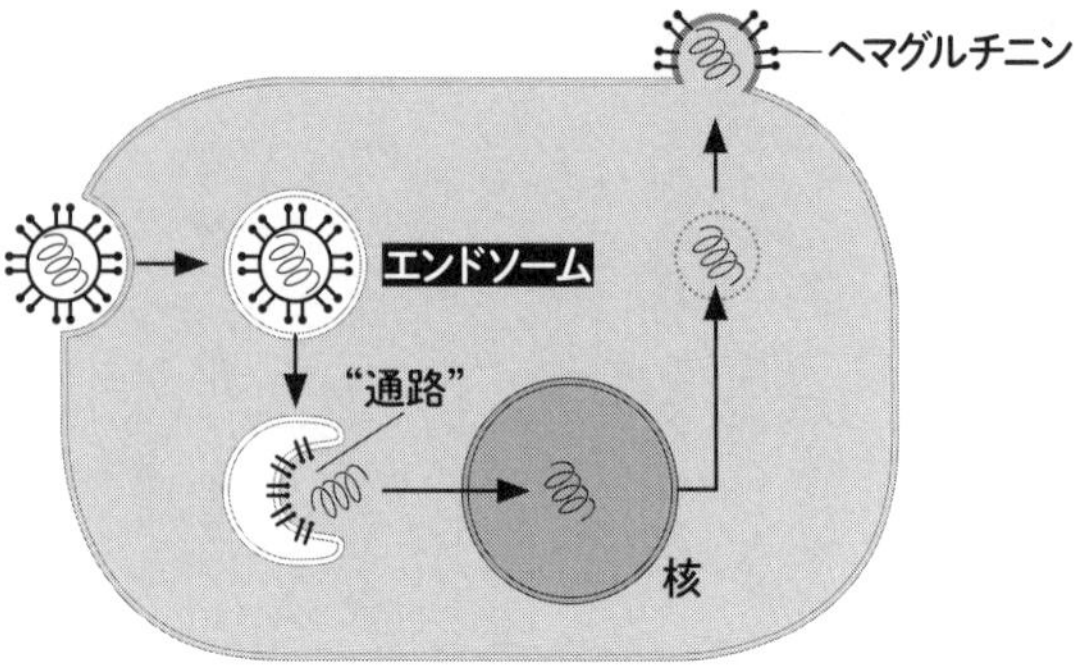

図1-4 脱殻によりウイルスの“通路”が開く
ヘマグルチニンの立体構造が変化することがきっかけとなって、ウイルスのエンベロープとエンドソームの膜の一部が「融合」する。その結果、ウイルスの内部とエンドソームの外側（細胞質）をつなぐ“通路”が開く！　その通路を通ってウイルス内の遺伝子が放出され、インフルエンザウイルスは細胞質への侵入を果たす

タンパク質がさらに活性化されて、エンドソームの膜と自らのエンベロープが「融合」する。その後、エンドソームが開き、ウイルスのRNAゲノムが細胞内へと侵入するのである。

このしくみはまさに、細胞膜とエンドソーム、エンベロープの、そしてこれらに共通する構造である脂質二重層の「融合できる」という性質があるがゆえの、ウイルスによるスマートな侵入劇なのである。

なお、新型コロナウイルスでは、エンドソームを介さず、エンベロープと細胞膜がいきなり融合して侵入する場合もあるようである（186ページ参照）。

細胞膜を引き連れて出ていくウイルス

インフルエンザウイルスや新型コロナウイルスの侵入後のプロセスについては成書に譲るとして、もう一度、細胞膜が重要な〝狂言回し〟になるシーンがある。それは、感染細胞内で増殖したウイルスが、細胞外へと飛び出していく場面である。

先ほど、「ウイルスは細胞のタンパク質合成装置＝リボソームを乗っ取る」と述べたように、ウイルスに感染した細胞の内部では、さかんにウイルスのタンパク質が合成されるようになる。そのうちの一部のタンパク質は、合成されたのちに、感染細胞の細胞膜にグサグサと刺し込まれる。これらは、いずれエンベロープに埋め込まれるタンパク質で、インフルエンザウイルスの場合なら、先ほどから登場しているヘマグルチニンも含まれるし、新型コロナウイルスの場合にはSタンパク質が含まれる。

インフルエンザウイルスの場合、細胞質では、複製されたウイルスの遺伝子（ＤＮＡではなくＲＮＡ）と、それと結合したタンパク質の複合体（リボ核タンパク質：ＲＮＰ）がつくられ、その周囲をまとめるＭ１というタンパク質がつくられる。これらが、ヘマグルチニンなどが刺し込まれた細胞膜を内側から押し上げ、そのままその細胞膜で全体を包み込みながら、細胞から飛び出すのである。

こうして、もともと細胞膜だったものが、ウイルスのエンベロープへと姿を変える。インフルエンザウイルスは細胞膜をそのまま引き連れ、エンベロープとして利用しているわけである。新型コロナウイルスの場合も基本的なしくみは同じだが、飛び出す際に引き連れていくのは細胞膜由来の膜ではなく、小胞体由来の膜であると考えられている。これについては、第4章で詳しくお話しする。

インフルエンザウイルスの場合、糖と結合する性質をもっているヘマグルチニンは、ウイルスが細胞膜を引き連れて飛び出そうとする際にも、周囲の細胞膜の糖鎖とベタベタとくっついてしまうため、そのままではウイルスは飛び出すことができない。そこで、ヘマグルチニンと同様、細胞膜にグサグサと刺し込まれた「ノイラミニダーゼ」というタンパク質が、糖鎖の先端にあるシアル酸という糖を切断する。いわば、糖という〝糊《のり》〟をはがす役割を果たすのだ。こうして、細胞膜との結合から解放されたインフルエンザウイルスは、晴れて細胞の外へと飛び出していけるのである。

このようなウイルスの放出メカニズムもまた、細胞膜の性質のたまものだ。違う膜どうしがすんなり融合できるということは、その反対に、餅を引きちぎるようにして簡単に分ける、すなわち「解離」させることも可能ということだからである。ウイルスたちは、融合と解離という、脂質二重層のもつ性質を十二分に利用して細胞に感染し、そして細胞から放出されていく。

これは、インフルエンザウイルスや新型コロナウイルスに限ったことではなく、他の多くのウイルスにもあてはまることである。

ダイナミックな細胞膜

このように「ウイルス目線」で書いてくると、まるでウイルスのために細胞膜が存在しているかのように思えてしまう。実際にウイルスが細胞膜を利用することができるのは、細胞膜がとても柔軟で、機能的にできているからこそである。

細胞膜はそもそも、単なる「膜」ではない。細胞膜の主成分であるリン脂質は、ただ単に横にずらりと二層に並んでいるだけではない。なにせ「あぶら」の一種なわけで、お互いに共有結合できつく結びついているわけではなく、じつはリン脂質は一つの層の中でお互いに、目まぐるしく動き回っていると考えられている。

激しく動き回るリン脂質のダイナミズムのなかに、まるで荒波に浮かぶ小船のように、重要な役割を担うタンパク質（「膜タンパク質」という）が埋め込まれるように存在し、激しく動き回るリン脂質のあいだを縫うように、やはり目まぐるしく動き回っている。この、膜タンパク質が「モザイク状」に細胞膜に埋め込まれ、リン脂質とともに流動しているようすから、細胞膜に関

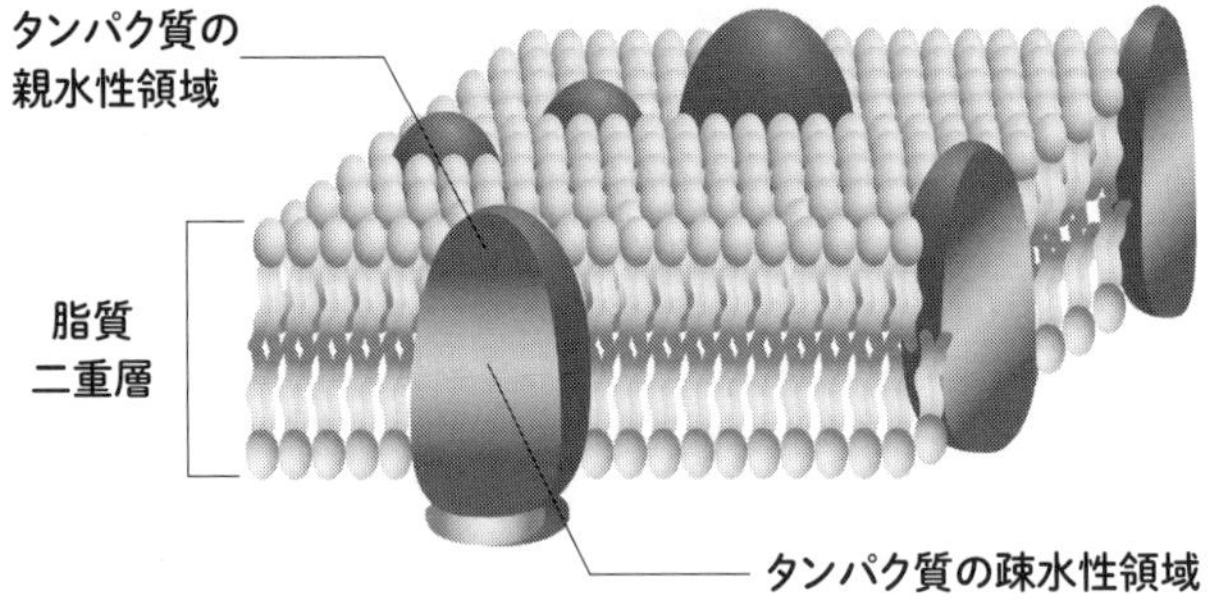

図1-5 細胞膜の流動モザイクモデル
膜タンパク質は、親水性領域を膜の内外に向け、疎水性領域を脂質二重層に埋め込むようにして細胞膜の中に存在し、目まぐるしく動き回っている。脂質二重層を構成するリン脂質も目まぐるしく動き回り、なかには二重になった層の一方からもう一方へと飛び移ることもある

するこのような考え方を「流動モザイクモデル」とよぶ（図1－5）。

このダイナミックな動きのなかで、インフルエンザウイルスや新型コロナウイルスのエンベロープが近づいてくる。そして、ヘマグルチニンやSタンパク質がポンッとたまたま結合した糖鎖の周囲に、それまでの動きにはなかった〝ゆらぎ〟が生じ、細胞のエンドサイトーシスシステムが作動するのである。もし、こうした膜の流動がなければ、エンドサイトーシスも作動しないはずである。

さらに重要なことは、細胞膜は単に「細胞の表面を覆っている」だけではなく、細胞の内側と外界とのあいだで、必要な物質を巧妙にやり取りしているということだ。

細胞膜には、ある物質はそのまま通過させるが、別の物質は通過させないという性質、そして、ある特定の物質を特定のしくみで細胞の内から外へ、あるいは外から内へと通過させるという性質がある。これを「半透性」といい、細胞膜の場合は「選択的透過性」などともいわれる。

細胞膜のことを「半透膜」ともよぶのはこのためだ。風船の膜は空気も水も通すことなく頑固だが、細胞膜はもっと〝融通が利く〟のである。

たとえば、細胞膜はその内側に、水となじみにくい疎水性の脂肪酸を含むため、水溶性の物質はほとんど通過できない。そのため細胞膜は、特定のイオン（ナトリウムイオン、カリウムイオン、カルシウムイオンなど）だけを通過させる「イオンチャネル」とか、水分子を通過させる「アクアポリン」といったタンパク質を埋め込んでいて、これらの物質を通すようにしている。神経細胞（ニューロン）などは、ナトリウムイオンとカリウムイオンの細胞内外の濃度差を利用して電気信号をつくり出しているわけだから、この性質は細胞にとってきわめて重要である。

細胞膜の外側は、先ほども述べたように、糖鎖などが飛び出した格好になっている。糖鎖は、膜タンパク質などにくっついている場合が多いが、彼らはなにも、インフルエンザウイルスが吸着するための単なる〝地上要員〟としてはたらいているわけではない。他の細胞とのコミュニケーションや、他の細胞や「細胞外基質」への結合など、細胞自らの〝立ち位置〟を決めるのに重要な役割を果たしている。

細胞外基質とは、細胞の外にあるさまざまな細胞以外の物質たちのことで、いちばん有名なのがコラーゲンであろう。骨の主成分であるリン酸カルシウムもまた、細胞外基質である。細胞は、単に細胞たちだけで集まっているわけではなく、多細胞個体を形づくるこうした物質たちと相互作用し、時にはそれを足場にしながら、はたらいていたりするのである。

原核生物と真核生物——それぞれの「食の起源」

さて、ここで話はがらりと変わる。

二〇一九年末から二〇二〇年にかけて、「食の起源」という番組がNHKで放送された。僕たち人間がふだん、食事から摂取している塩分、炭水化物、脂肪などが、果たしてどのようなきっかけで食事のなかに取り入れられてきたのか、その起源と変遷を紐解く番組で、企画自体は非常に面白いものだった。見終わった後に記憶に残ったのが、魚や祖先生物の顔が出演しているアイドルグループのメンバーの顔になった奇妙なヴィジュアルだけ、という点は残念ではあったが。

それはさておき、「食の起源」というからには、僕としてはもっと遡って、「食べるという行為の起源」がどこにあるのかまで追究してほしかった。すなわち、これからのテーマは「細胞膜と食」へと移る。ものを「食べる」という行為、その萌芽《ほうが》がいったいどこにあるのか、という話である。

プロローグで述べたように、現在、世の中の生物には、大きく分けて二種類ある。一つは原核生物、もう一つは真核生物だ。

原核生物とは、「バクテリア（細菌）」と「アーキア（古細菌）」のことである。バクテリアは、多くの人がご存じのように、大腸菌とか枯草菌（納豆菌もその一種）、乳酸菌などの目に見えない生物であって、そのすべてが一個の「細胞」からできている、いわゆる「単細胞生物」である。アーキアにはあまりなじみのない人が多いだろうが、メタンや硫化水素をつくる連中で、僕たちの身のまわりにはあまり存在しないかもしれない。どちらかといえば、極限的な環境に多くすんでいるとされている微生物である。

そして真核生物には、僕たち人間を含め、肉眼で見ることのできる生物のほとんどが含まれる。その名のとおり、細胞の中に「真の核」をもつ生物である。真の核、というのは、バクテリアなどの「原核」生物の対語で、要するにふつうの「核」である。ただし、核兵器の核と間違われる可能性があるので、本書ではこれ以降、「細胞核」という呼び方で統一する。

一部のアーキアなどの例外はあるにせよ、原核生物はたいていの場合、「細胞壁」というやや硬い殻で細胞のまわりが覆われている。バクテリアではペプチドグリカンという、アミノ糖のポリマーでできた細胞壁で細胞が覆われているため、バクテリアが何かものを「食べよう」と思っ

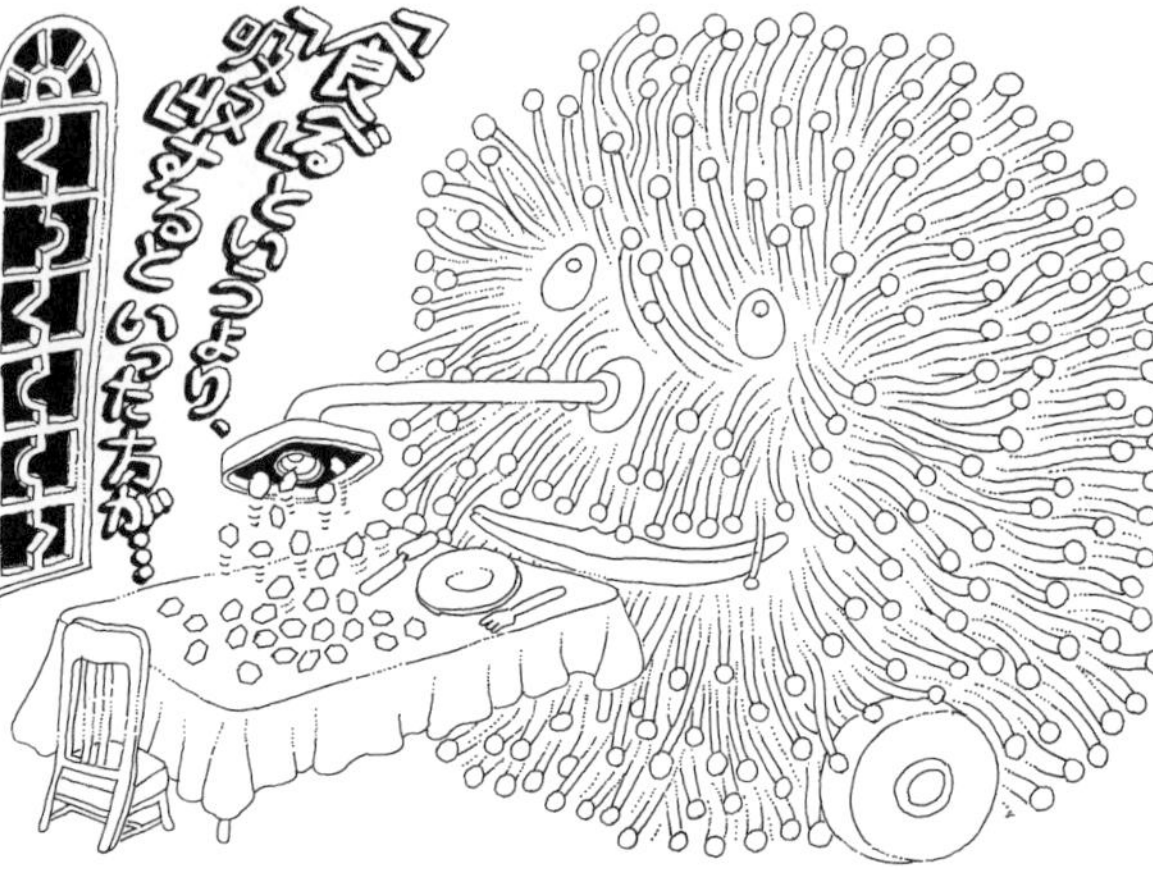

ても、細胞壁の隙間から栄養源となる物質を取り入れるしかない。

それは、「食べる」というより、むしろ「吸収する」といったほうがわかりやすいかもしれない。「吸収する」では、どことなく受動的なニュアンスに聞こえるかもしれないが、あくまでもイメージであって、実際にはバクテリアたちも縦横無尽に動き回り（動き回らないやつもいるが）、栄養物質を積極的に取り込んでいる。

しかし、たとえ積極的であったとしても、これでは「食べる」という行為がそこでおこなわれているようには思えない。『広辞苑』（第六版）によれば、「食べる」とは「飲食物をいただく」ことであるという。大腸菌が「飲食物をいただいている」ようにはとうてい見えず、単に「吸い込んでいる」だけのように思えてしまう。ただこれは、あくまでも僕たちの「食べる」行為を基準にするとそう「思える」というだけであって、バクテリアたちがものを食べているのは確かなことである。

食作用こそ「食の起源」である

じつは、単細胞生物が「飲食物をいただいている」ように見えるようになったのは、私たち真核生物が誕生してからであって、おそらくその最も原始的な「いただき方」は、「食作用」（ファゴサイトーシス）とよばれるものである。

食作用とは、「細胞が環境から大型（〇・一マイクロメートル以上）固形粒子を取り入れる活動」（『岩波生物学辞典』）のことを指し、「貪食《どんしょく》」ともいう。高校生物の教科書にはときどき、「白血球の食作用の観察」という実験法が掲載されているので、実際に高校の授業などで体験した方もいるかもしれないが、あれは食作用そのものを観察するというよりも、むしろ白血球の食作用によって〝食べられた〟墨汁の粒子を観察するものである。

細胞が固形粒子を見つけると、その粒子を、細胞膜を動かして囲い込み、そのまま細胞内部へと取り込む。取り込まれた固形粒子は、細胞膜が内側に陥入《かんにゅう》してつくられた膜でできた〝袋〟（「ファゴソーム」という）の中に取り込まれることになる。ファゴソームの中に取り込まれた固形粒子は、別の〝袋〟であるリソソームと「融合」し、その中にある消化酵素によって分解される。

ここで気づかれた方も多いだろうが、このしくみはほぼ、先ほどインフルエンザウイルスのところで紹介した、細胞の「エンドサイトーシス」そのものである。エンドサイトーシスのうち、固形粒子を「食べる」ように見えるものこそが食作用（ファゴサイトーシス）であり、一方で目立った固形物がない細胞の外の液体を「飲む」ように見えるものを「飲作用（ピノサイトーシス）」と呼び分けている。

このような、細胞膜を器用に動かして固形粒子を取り込むという芸当は、もし原核生物のように細胞壁でその外側がさらに覆われていたとしたらちょいと難しかろう。原核生物から真核生物への進化の過程で、（どういうきっかけがそこにあったのかはわからないものの）細胞壁の消失が起こり、それが食作用の進化につながったのである。その結果、インフルエンザウイルスに感染されることにもなってしまったわけだが、まあそれはここではよしとしよう。

この「細胞が固形粒子を取り入れる活動」こそが、現在の僕たちの「食」の、最も原始的な起源である。そして、食作用を進化させた生物たちが、「大きい生物が小さい生物を体内に取り入れる」という、現在の弱肉強食（この言葉は好きではないが）につながる行為をはじめることになったのだ。

第3章で詳しくご紹介するが、二〇一九年に、筑波大学の研究グループが発見した「ウアブ」とよばれる微生物は、原核生物（バクテリア）であるにもかかわらず「食作用」をもっていて、体の小さな他のバクテリアを食べてしまうという。研究グループは、このバクテリアは僕たちの祖先となった原核生物とは系統が異なるけれども、実際に僕たちの祖先が体験したであろう食作用の進化の謎に迫るものではないかと述べている。

プロローグの冒頭で、アカントアメーバの「百面相」という話をした。ふつうに増殖しているとき、ウイルスに感染したとき、栄養がなくなったときなどに見せる形がじつに多様だという話であったが、ふつうに動き回っているようすを顕微鏡で観察していても、そのさまはじつに変化《へんげ》自在で、見ていて飽きない。位相差顕微鏡を使うと、細胞の内部の顆粒状成分や細胞核などが細胞内を動き回っているようすも見える。その自在な動きの多くを、彼らが細胞表面にもっているトゲトゲ（アカント）と「仮足《かそく》」が担っている。

アカントアメーバが、真核生物が進化した当初のようすをそのまま残しているとは思えないが、その行動が、当時の「食作用」のヒントになっていることは確かであろう。そしてこのトゲトゲも仮足も、結局のところはアカントアメーバの細胞膜こそが、その形と機能の主役なのである。

食作用を可能にする筋肉

じつはアメーバとは、この「仮足」という細胞の一部を使って、グニャグニャした運動を起こすことができる真核単細胞生物の総称である。彼らの動きは、いわゆる「アメーバ運動」とよばれている。オオアメーバや赤痢アメーバなど、じつにたくさんの種類のものが知られており、もちろん、アカントアメーバもその一つである。多くのアメーバは、「アメーボゾア」という真核生物の一大グループに属しているが、他のグループ（リザリアなど）に属しているものもいる。その「グニャグニャした運動」こそが、食作用の基本である。

アメーバ運動に必要という意味では、細胞膜ももちろんそうだが、その内側に存在する「細胞質」も欠かすことができない。僕たち「多細胞生物」がもっているような筋肉はアメーバにはないけれども、その成分と同じものは、じつはアメーバたちももっていて、その細胞質ではたらいている。

筋肉は、アクチンというタンパク質が連なってできた細長いアクチンフィラメントと、ミオシンという細長いタンパク質が束になってできたミオシンフィラメントが交互に滑るように動くことで、収縮したり元に戻ったりする。僕たち脊椎動物の場合、このフィラメントの束がさらに太く束になり、かつ何回も繰り返すように重なり合うことで、あの大きな筋肉を形づくっている。

このフィラメントが、わずかではあるけれどもアメーバの細胞質中にも存在するのだ。

　アメーバの細胞質では、「ゾル」とよばれる液状かつ流動性のある状態と、「ゲル」とよばれる固形状でそれほど流動性がない寒天のような状態とが共存している。ゾルの部分が細胞内を動くことでアメーバの仮足が伸びると、その部分がゲル状になり、アクチンフィラメントとミオシンフィラメントのはたらきで収縮することで、後方のゾルを含む細胞体が引っ張られる。これが繰り返されることにより、アメーバ運動がおこなわれるのである。

　食作用もまた、同様に仮足を使っておこなわれる。したがって、食作用の進化には、細胞壁の消失のみならず、アクチンなどの収縮タンパク質の進化もまた、重要であったといえる。

ヒトの体内で「貪り食べる」細胞たち

　このような食作用はアメーバの専売特許ではなく、じつは僕たち多細胞生物の体内でもおこなわれている。僕たちの体の中でアメーバのように〝食事〟をしているのは、「マクロファージ」とよばれる細胞と、その仲間たちである。

　マクロファージや好中球などの一部の白血球は、食作用によって「エサ」を食べている。というより、彼らは多細胞生物という社会を構成する数多《あまた》の細胞の一部だから、その社会の維持のために日々はたらいているわけで、食べるのはエサというより、多細胞生物の体の中に侵入した異物、すなわちバクテリアとかウイルスとか、そういったものである。

マクロファージなどは、ただ単に異物を食べるだけではなく、食べたものを細胞内で消化し、その一部を細胞膜の表面において「こんなん食べてしもたんやわ」といった塩梅《あんばい》で、他の細胞に「提示」するというより高度な仕事をする。こうしたことをする細胞を「抗原提示細胞」といい、マクロファージのほかに「樹状細胞」も、同様の抗原提示をおこなうことが知られている。

ワクチンがはたらくしくみ

少し話が逸れるが、新型コロナウイルスは、僕たち人間と人間社会に大きな変革をもたらした。リモートワーク社会への転換はいわずもがな、授業のオンライン化は教育現場に革命（は言い過ぎか）をもたらしたし、ソーシャルディスタンス、オーバーシュート（爆発的患者急増）、8割おじさんなどの新たな言葉をつくり出した。

僕は一応、生物学者を標榜《ひょうぼう》しているので（実際には自称・巨大ウイルス学者である）、やはり生物学的な事柄に対する人々の興味・関心の高まりが、新型コロナウイルスによってもたらされたことが大きな収穫であると、不謹慎ながら勝手に思っている。特に、ウイルスと、それに対する人体の応答、すなわち免疫のはたらきに対する興味・関心は、コロナ禍前に比べて大きく変化したと思われる。そしてまさに今、その文脈でもって話を展開しているわけである。

話を戻そう。

抗原提示細胞によって抗原がその細胞膜上に提示されると、この提示された抗原に反応できる「リンパ球」たちが活性化する。あるもの（ヘルパーT細胞）は免疫系に「こんなん来たで！」という情報を出して免疫システムを発動させ、またあるもの（B細胞）はその抗原に対する「抗体」（「免疫グロブリン」というタンパク質）をつくり出し、やってきた異物を「くたばらんかい！」とばかりに一網打尽にする。

こうして僕たちの体は、免疫系の細胞たちによって日々、外敵となり得る異物から守られている。それもひとえに、食作用の中心ではたらく細胞膜の、その柔軟性のおかげなのである。

ウイルスの場合、ウイルスそのものが抗原であり、ウイルスが抗原提示細胞の中で分解されてできたタンパク質の一部もまた、抗原である。抗原提示細胞が提示したものであれば、ウイルスのどのようなタンパク質でも抗原となり得るが、その抗原を認識したリンパ球がつくり出した抗体がウイルスに効くとすれば、たとえば新型コロナウイルスの場合は、コロナウイルスの表面に出ているタンパク質でなければならないだろう。となると、真っ先に抗原となり得るのは、エンベロープに突きささっているSタンパク質ということになる。

ある一種類の抗原に反応できる一種類の抗体は、ある一種類のB細胞によってつくられる。僕たちは生まれながらにして、おそらく一生のあいだに遭遇するであろう抗原のレパートリーに反応し得るだけの抗体（をつくるB細胞）を、すでに用意しているとされているから、おそらく新型コロナウイルスのSタンパク質に反応できる抗体（をつくるB細胞）をも、すでにもっていると思われる。

ただし、実際にそれがはたらいて効率よく抗原を排除するためには、そのB細胞が活性化され、増殖し、そして「抗体産生細胞」へと変化しなければならない。新型コロナウイルスに感染したことがない人の体内は、残念ながらそのような状態にはなっていない。したがって、新型コロナウイルスを弱毒化したものとか、抗原となり得るタンパク質（Sタンパク質など）を人工的に大量につくったものとかをワクチンにして、それを打つことにより、免疫系に「なんか来たで、おい」と気づかせ、B細胞を活性化・増殖させ、抗体産生細胞をつくらせておくことが重要となる。

うまくいけば、本物の新型コロナウイルスがやってきたときに、迅速な対応ができ、その結果として発症せずにすむというわけだ。これが、ワクチンの考え方である。

ウイルスを「食べる」アメーバ

さて、インフルエンザウイルスや新型コロナウイルスのようなエンベロープウイルスは、タンパク質でできたカプシドの外側に脂質二重層でできたエンベロープをもつが、じつは世の中には、きわめて複雑で大きなウイルスがいる。「巨大ウイルス」とよばれるウイルスである。前述のとおり、インフルエンザウイルスやコロナウイルスはRNAを遺伝子としてもっているが、巨大ウイルスは、僕たち生物と同じくDNAを遺伝子としてもち、じつはエンベロープをもつものは稀《まれ》である。

その代わり、こうしたウイルスはカプシドの内側に、DNAを取り囲むようにして脂質二重層でできた膜をもっている。したがって、僕たちはそれをエンベロープ（封筒）とはよばず、単に「インナー・メンブレン（内膜）」とよぶ。

二〇〇三年にフランスの研究者によって発見された「ミミウイルス」は、当時としては世界最大の大きさ（表面に生えている繊維の長さを含めると八〇〇ナノメートル）を誇るウイルスで、巨大ウイルスという概念が生まれるきっかけとなった。このウイルスもまた、細胞膜の柔軟性を利用して、巧みに細胞に感染することが明らかとなっているが、感染するのはヒトではなく、そもそも多細胞生物ですらなく、その多くはアカントアメーバなのである。

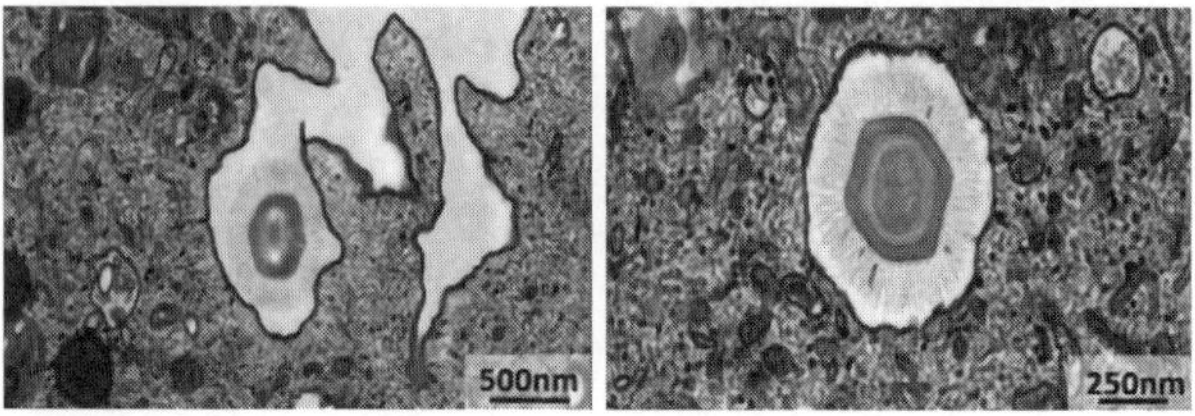

図1-6 アメーバに食べられたミミウイルス
左：アカントアメーバの食作用により取り込まれつつあるミミウイルス
右：食作用により取り込まれ、アカントアメーバ細胞内のファゴソーム内にあると思われるミミウイルス
[Andrade ACDSP et al. (2017) Filling knowledge gaps for mimivirus entry, uncoating, and morphogenesis. J. Virol. 91:e01335-17.]

プロローグでもすでに紹介したアカントアメーバは、アメーボゾアという巨大なグループに属し、すでに述べたようにその表面に無数の棘状の突起（アカント）を有するのが特徴である。病原性微生物に指定されており、目に入ると角膜炎を引き起こすという、じつはコワいアメーバなのだが、それとは裏腹に、実験室では非常に培養しやすく、あっという間に増殖してくれる。さらには、培地が多少コンタミ（バクテリアなど、目的の細胞以外の細胞が増えて、目的の細胞が死んだりしてしまうこと。「コンタミネーション＝汚染」の略）しても、アカントアメーバがそれらを食べてくれるので、培養しているうちにそれが解消してしまうという、非常に便利な細胞なのだ。

さらに、プロローグでも紹介したように、放っておいても増えてくれるし、栄養が足りなくなったら休眠状態に入るだけで死んでしまったりもしないし（もちろん死ぬヤツもいる)、研究者にとってはとても扱いやすいのである。

自然界で生きているものはいざ知らず、少なくとも研究室で培養されているアカントアメーバは、細胞膜のすばらしいはたらきによって自分が生かされていることなどつゆ知らず、日々〝食事〟に励んでいる。彼らはおそらく、細胞膜の存在や、その重要性やありがたさに一生気づくことはなく、ただうねうねと動き回り、分裂して増えていくのであろう。

そしてアカントアメーバは、「名は体を表す」を地で行くふるまいを見せつけるかのように、バクテリアだけではなく、ときにはミミウイルスをも、ファゴサイトーシスによって「食べてしまう」のである(図1-6)。

「最後の晩餐」

ミミウイルスを「食べてしまう」んだったら、それはそれでいいんじゃないか、なんて思わないでいただきたい。なぜなら、ミミウイルスを食べたら最後、それがアメーバにとって、文字どおりの「最後の晩餐《ばんさん》」になってしまうからである。

研究室で培養する場合、アカントアメーバの培養液には通常、グルコース、すなわちブドウ糖が大量に含まれている。グルコースは、僕たち人間にとって重要なエネルギー源であるが、じつはアカントアメーバにとっても重要なエネルギー源である。

グルコースは低分子物質だから、食作用などせずとも、細胞膜表面に存在するレセプター（あるいはトランスポーター）を介して吸収することができるし、ことによったら飲作用（ピノサイトーシス）でも取り込まれているだろう。したがって、おそらく研究室のアカントアメーバは、めったに食作用を見せることはない。グルコースという栄養たっぷりの培地の中で生きているので、あらためて食作用のような大げさなしくみを使って〝食べる〟必要がないのである。

ところが、「自分の口で食べたい」というのは、人間のみならずアメーバももっている根源的な食欲の一つであるようで、この培地に大きめのサイズのなんらかの物体が入り込み、細胞の表面にくっつくと、アカントアメーバはなんの躊躇《ちゅうちょ》もなく、その物体を食作用により取り込んでしまう。

巨大ウイルスには、「巨大」という名前がついているが、それは、ウイルスにしては大きいという相対的な尺度であって、決してバクテリアのサイズを凌駕《りょうが》するほどの大きさではない。しかしながらアカントアメーバがそれを〝エサ〟だと認識するくらいには大きいのだ。

ミミウイルスのサイズ（八〇〇ナノメートル）は、アカントアメーバからすると数十分の一程度の大きさにすぎないけれども、〝エサ〟としては十分な大きさである。人間をアカントアメーバだとすれば、一個のおにぎりがミミウイルスである。まさに一口サイズだ。

そうしてミミウイルスは、アカントアメーバに食べられ、その腹の虫養《むしやしな》いとなるはずだったが、アカントアメーバにとっては痛恨のミスだった。なぜなら巨大ウイルスのアカントアメーバへの感染は、自分がアカントアメーバに食べられることからスタートするからである。

ミミウイルスの戦略——脂質二重層「活用」術

食作用によってアメーバに〝食べられる〟と、ミミウイルスも他のエサと同様、アメーバの〝胃袋〟である食胞（ファゴソーム）の中に取り込まれる。通常のエサなら、「助けてくれ〜！」と断末魔の叫びを上げながら食胞の中でそのまま消化されてしまうところだが、ミミウイルスは黙って消化されてしまうような柔《やわ》なタマではない。

消化される前に「なにすんねん！」とばかりに食胞の膜を特殊な方法によって突き破り、その向こう側、すなわちアメーバの「真の体内」である細胞質に、自らのゲノムDNAを注入してしまうのである。そして、そのための装置を、ミミウイルスはわざわざ開発して保有している。「スターゲート構造」とよばれるものが、それである（図1－7）。

スターゲート構造はその名のとおり、「星形の門」というべき様相を呈している。正二〇面体として一二個存在する頂点のうち、ある一つの頂点を中心に、そのまわりにある五枚の正三角形

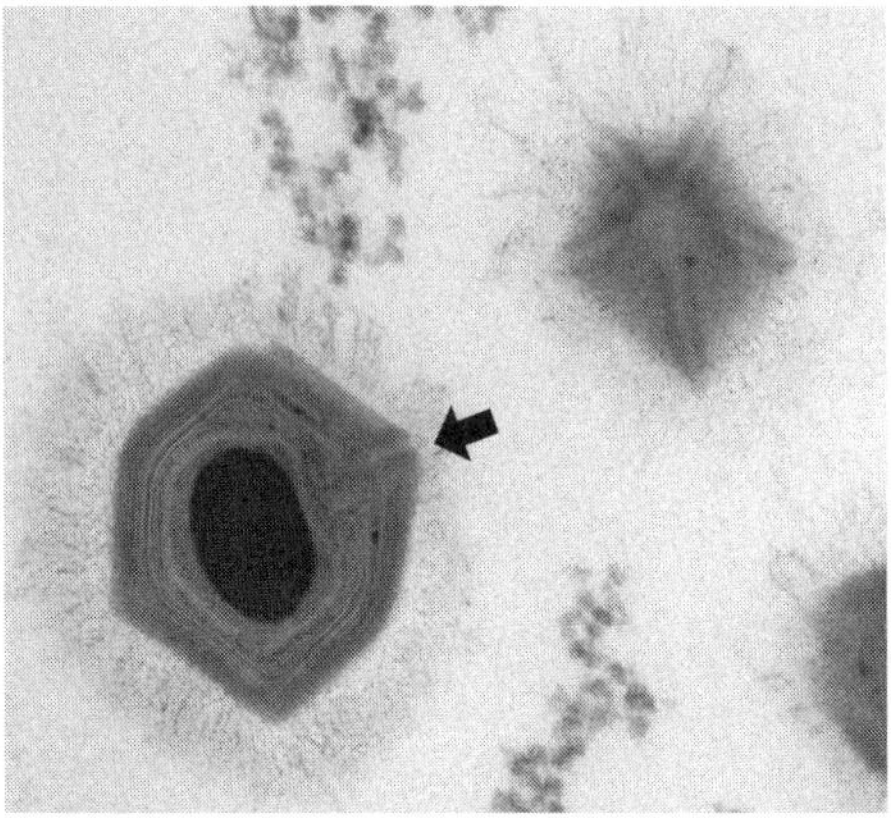

図1-7 ミミウイルスのスターゲート構造
矢印で示したのがスターゲート構造が存在する頂点であり、その頂点を正面から見ると、右上にあるウイルス粒子のように、五角形（星形）が浮き出ているように見える（写真：東京理科大学武村研究室）

の〝板〟（三層にもわたる厚いカプシドを含む）が、まるで門を開けるかのようにググと開くのである。

メカニズムはいまだ不明だが、ミミウイルスは食胞中で、おそらく酸性化などの食胞内の環境変化に応答するかたちで、スターゲート構造を自然に開けるのに違いない。そうすると、カプシド内部にあった脂質二重層、「インナー・メンブレン」がスターゲートから外部へと押し出され、そこにある食胞の膜とドッキングするように融合する。

その結果、ミミウイルスのインナー・メンブレンの中身と、アメーバの細胞質とが、融合した膜でできた「通路」でつながることとなり、インナー・メンブレンの中身、すなわちミミウイルスのゲノムが、「通路」を通ってアメーバの細胞質へと放出される。こうして、インフルエンザウイルスと同じく、ミミウイルスは脂質二重層のもつ特性を利用して、アカントアメーバにまんまと感染するのである。

「大きく見せて、食べさせる」——ウイルスの巧みな複製戦略

サイズは巨大ウイルスのなかで最も小さく、地味なのだが、僕がとても面白いと思っているのが「マルセイユウイルス」というウイルスの仲間である。パリの冷却塔内の水から見つかりながら、エクスマルセイユ大学の研究者が見つけたためにそのように名づけられ、以降に発見されるこのウイルスの仲間には、発見された都市など地名がつけられる習慣になっている。

二〇〇九年に最初のマルセイユウイルスが発見されて以来、世界中から多くの仲間が見つかってきた。僕が二〇一五年に荒川の河川敷の湿地帯から見つけ、二〇一六年に発表した「トーキョーウイルス」も、マルセイユウイルスの仲間であり、日本で見つかった最初の巨大ウイルスとなった。

さて、一見して正二〇面体の〝ふつうの〟ウイルスにしか見えないが、彼らはじつに面白い習性をもっている。なんと、イワシが群れをなして泳ぐのと同じように、マルセイユウイルスもまた、〝群れ〟で行動するらしいのである。

マルセイユウイルスのようすを電子顕微鏡で観察すると、細胞内でつくられたマルセイユウイ

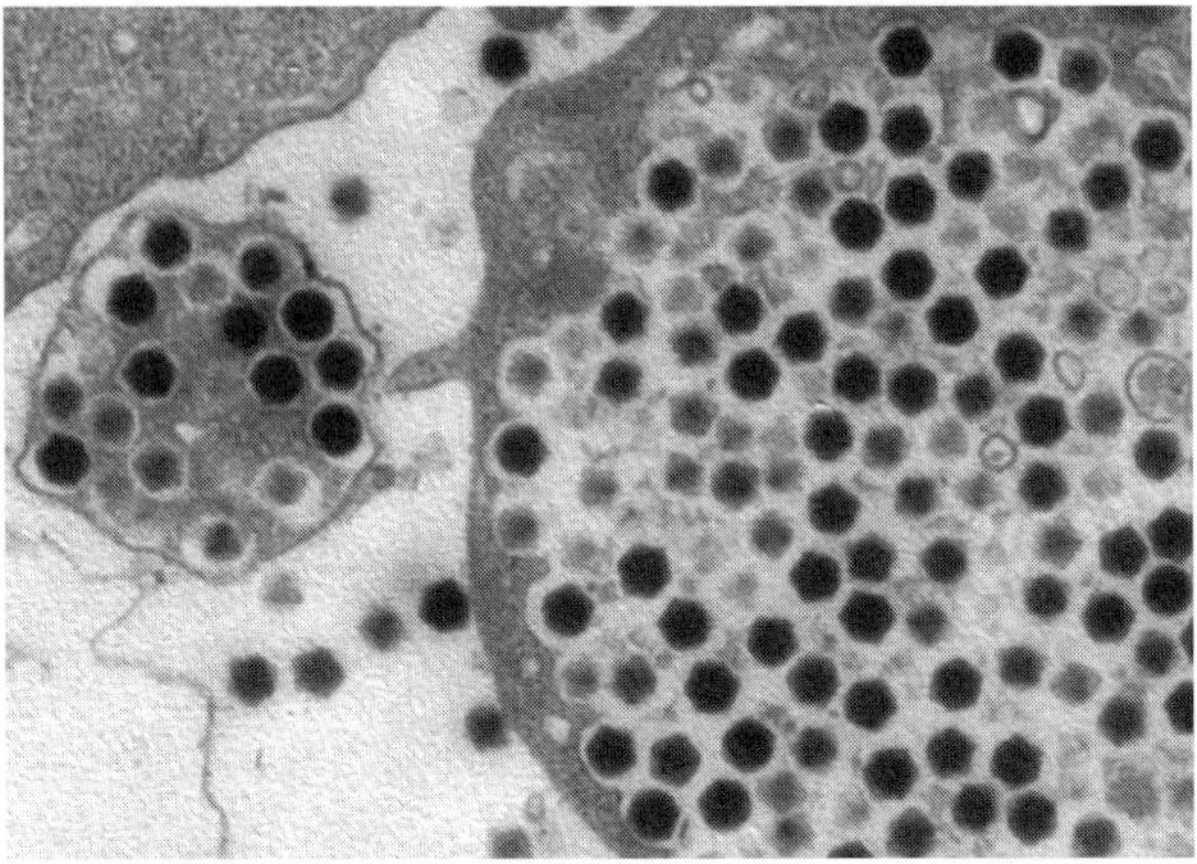

図1-8 マルセイユウイルスのメンブレン・バッグ
右側のマルセイユウイルスの集団は、アカントアメーバ細胞内にあり、その一部が飛び出すと、左に見える小集団のようになる。この小集団は、アカントアメーバに由来する膜で覆われている（写真：東京理科大学武村研究室）

ルス粒子は、細胞質の中でたくさん集まって脂質二重層の袋に包まれているように見えるし、細胞が壊れて外に放出されても、その袋に包まれたままでいるように見える（図1－8）。そして、次にアカントアメーバに食べられる際にも、袋に包まれたまま、大勢で一度に食べられるらしい、という研究もある。まさに膜でできた袋、「メンブレン・バッグ」である。

　どうやらマルセイユウイルスは、自らを「大きく見せよう」としているらしい。誰に対して「大きく見せよう」としているのかといえば、それはもちろん、宿主《しゅくしゅ》であるアカントアメーバに対してであろう。「大きく見せたら食われるやんけ」と思われるかもしれないが、そこにこそ、ウイルスたちの戦略が垣間見える。

ミミウイルスのような、食作用により〝食べられる〟というアカントアメーバへの感染の仕方は、少なくとも巨大ウイルスに共通した方法である。世界最大といわれる「パンドラウイルス」は粒子のサイズがマイクロメートルサイズであり、ミミウイルスの二倍ほど大きい。ミミウイルスがおにぎりだとするなら、パンドラウイルスはさしずめアメリカサイズの「ビッグマック」といったところだ。

パンドラウイルスのアメーバへの感染も、ミミウイルスと同様、食作用による「食べられ」がそのきっかけとなる。そして、〝イワシの大群〟ならぬマルセイユウイルスの大群もまた、一個一個のウイルス粒子は小さく、それ自体ではおそらくアメーバの〝エサ〟の対象にはならないものが、大群となることで大きくなり、その結果アメーバに食べられやすくなるという、自らの複製戦略として編み出されたものなのだろう。

どのように進化したのか——大いなる謎

それにしても不思議である。いったいどのようにして、こうした「食べられ」による感染メカニズムが進化したのだろう？

アメーバは、いってみればなんでも食べる大食漢である。おにぎりも大好きだし、ハンバーガーも大好きだ。その食いしん坊さを逆手にとったのが、巨大ウイルスの「食べられ戦略」なのだろう。

プロローグの冒頭で紹介したように、アカントアメーバは放っておいても増えるし、栄養をしばらく与えなくても休眠状態になるだけで多くが死ぬことはない。休眠状態である「シスト」は、その状態で何万年も生きるともいわれる。そうした「きわめて頑丈な」細胞たちを相手にする巨大ウイルスたちは、宿主が頑丈だったからこそ、相手の思うままに任せ、その大食いのスキを突いて、ひょっこりと感染する戦略を編み出すことができたのかもしれない。しかし、その進化のしくみはいまだ謎に包まれている。

唯一いえることは、食いしん坊もそこそこにしたほうがよろしかろう、ということだ。

第2章

リボソーム

——生命の必須条件を支える最重要粒子

ribosome

細胞が細胞であるからには、必ずできなければならないことが三つある。

一つは、すでに前章で述べたように、細胞膜によって自分と外の世界を分け隔てつつ、必要な物質をやり取りできること。残る二つは、自己複製ができることと、代謝をおこなってエネルギーを得ることができることである。じつはこの残り二つの能力は、まったく違うように見えて、その根っこに存在するものは同じだ。どちらも、「タンパク質」の力を必要とする点で共通しているのである。

むろん、最初の一つにもタンパク質は必要である。実際の細胞膜には多くの膜タンパク質が埋め込まれていて、細胞膜のはたらきに欠かすことのできない役割を果たしているからだ。

しかし、自己複製と代謝の二つは、ウイルスが決して自分たちだけではできない能力であるという点で、最初の一つとは決定的に異なっている。最初の一つは、エンベロープウイルスであれば理論的にはあてはまっているともいえるが、あとの二つは、たとえエンベロープウイルスであっても自分たちだけでは不可能な能力だ。いったいどうしてなのだろう。

これは、その能力を生み出すことができる唯一者、慈《いつく》しむべき「粒子」の物語である。

絶対に失ってはならないもの——細胞が細胞たるゆえんとは？

誰でも、「これだけは絶対に失いたくない！」というこだわりの品、思い出の品をもっているだろう。たとえば、子どもたちの小さい頃の思い出の写真などが、もはや自らの存在意義そのものになっている人もいるだろうし、趣味に生きる人々にとって、集めたコレクションなどが、もはや自らの一部と化しているという場合は多いだろう。

これと同じように、細胞にも「これだけは絶対に失いたくない！」ものがある。それを失ったら、それこそ心臓を抜き取られて死ぬのと同じ憂き目に遭《あ》うことは必至である。

それこそが、タンパク質合成装置、「リボソーム」である。

第1章でも述べたように、ウイルスだってタンパク質が必要である。でもウイルスは、タンパク質を自分の力だけではつくることができないので、僕たち生物の細胞に感染することでそれを達成しようとする。生物の細胞には、タンパク質を合成できるリボソームが存在するからである。

タンパク質は、細胞が活動するのに不可欠な物質だ。細胞がエネルギーをつくり出し、エネルギーを使って活動するための「酵素」の本体もまた、そのほとんどがタンパク質である。タンパク質はさらに、細胞の形をつくったり動かしたりするための動力ともなるし、細胞と細胞のあいだのコミュニケーションツールともなる。とにかく細胞の活動にはすべて、タンパク質が必要なのである。細胞にとってそれほど重要な物質を合成するわけだから、リボソームそのものも細胞にとって、最も重要なアイテムなのだ。だからこそ、一個の細胞中に何十万個とも何百万個ともいわれるほどの膨大な数のリボソームが、綺羅星《きらぼし》のごとくに存在しているのである。

遺伝子の本体は、いうまでもなくDNAである。DNAがあって初めて、細胞は細胞たることができる。赤血球などの例外はあるにせよ、ほぼすべての細胞にはDNAがあり、その塩基配列として存在する遺伝子をタンパク質の設計図として保有して、タンパク質をつくり、細胞としての生を希求している。

したがって、タンパク質をもたない細胞は、おそらくこの世には存在しない。例外なく、すべての細胞にはタンパク質がある。DNAがあってこそのタンパク質ではあるけれども、タンパク質こそが生命活動を直接もたらしている源というインパクトは大きいし、それをつくり出すリボソームの存在はすこぶる大きい。

やや大仰にいえば、リボソームの存在こそが「細胞が細胞たるゆえん」であり、その重要さは、もしかしたらDNAよりも大きいのではないかとさえ思える。

生物にとって、リボソームだけは「決して失ってはならない」ものなのである。

タンパク質を自分でつくることができるということ

上述したように、細胞は細胞膜で覆われているだけでなく、「代謝」ならびに「自己複製」を自らおこなう能力をもっている。代謝とは、外部から栄養分を取り入れ、自らの体をつくり、不要物を無毒化して排出し、さらにエネルギー（「ATP」という化学物質、129ページ参照）を取り出して活動をするための一連の化学反応である。

自己複製とは、増殖して（細胞の場合は「分裂」という形態をとる）自らの遺伝子を受け継ぐコピー、すなわち子孫をつくり出すことである。これらを自らの手でおこなえること、他人（他の細胞とか生物とか）の手を借りずにおこなえることが重要である。したがって、ある広い世界にたった一個だけ、「膜で包まれたソレ」があったとして、ソレがきちんと自立して代謝をし、自己複製をすることができれば、ソレは細胞としての条件を満たすということになる。

こうした一連の化学反応はすべて、その反応速度を格段にアップさせることができる触媒である「酵素」の手によっておこなわれる。細胞内ではたらく酵素は、そのほとんどがタンパク質でできている。これらのタンパク質がなければ、そして、これらのタンパク質を細胞の中で合成することができなければ、細胞は代謝も自己複製も起こすことができない。自らの手で代謝、自己複製がおこなえるということは、その代謝、自己複製を担う酵素、すなわちタンパク質を自らつくることができるということなのだ。

ヒトの場合、細胞の内外ではたらくタンパク質は、ゆうに一〇万種類以上あるといわれる（正確な種類数はわかっていない）。そのおよそ半数が、酵素としてはたらくタンパク質（酵素タンパク質）であるといわれているが、それ以外にも細胞の構造の維持を担う構造タンパク質、筋肉のような運動に関わる収縮タンパク質、抗体など免疫のしくみではたらく防御タンパク質など、さまざまなタンパク質が自らの役割を果たし、細胞社会を形づくり、維持している。

こうしたタンパク質もすべて、それぞれの細胞の中に何百万個と存在するリボソームがつくってくれる。一つひとつのサイズは小さいものの、リボソームこそが、細胞という存在を支える〝大黒柱〟であるといっても過言ではない。リボソームをもたないものは、たとえ「ソレが膜で包まれていようとも」、決して細胞とはいえないのだ。

あまりにも「リボソーム♥命」みたいな話になってもアレなので、ここで少々頭を冷やし、リボソームとはいったいどのような形をした〝大黒柱〟なのか、という話に入っていく。

ただし、その前に。

ウイルスに〝盗まれた〟リボソームの材料

二〇一五年に発見された、「モリウイルス・シベリカム」という巨大ウイルスがいる。

このウイルスは、シベリアの永久凍土から発見されたもので、今から三万年前の層に眠ってい

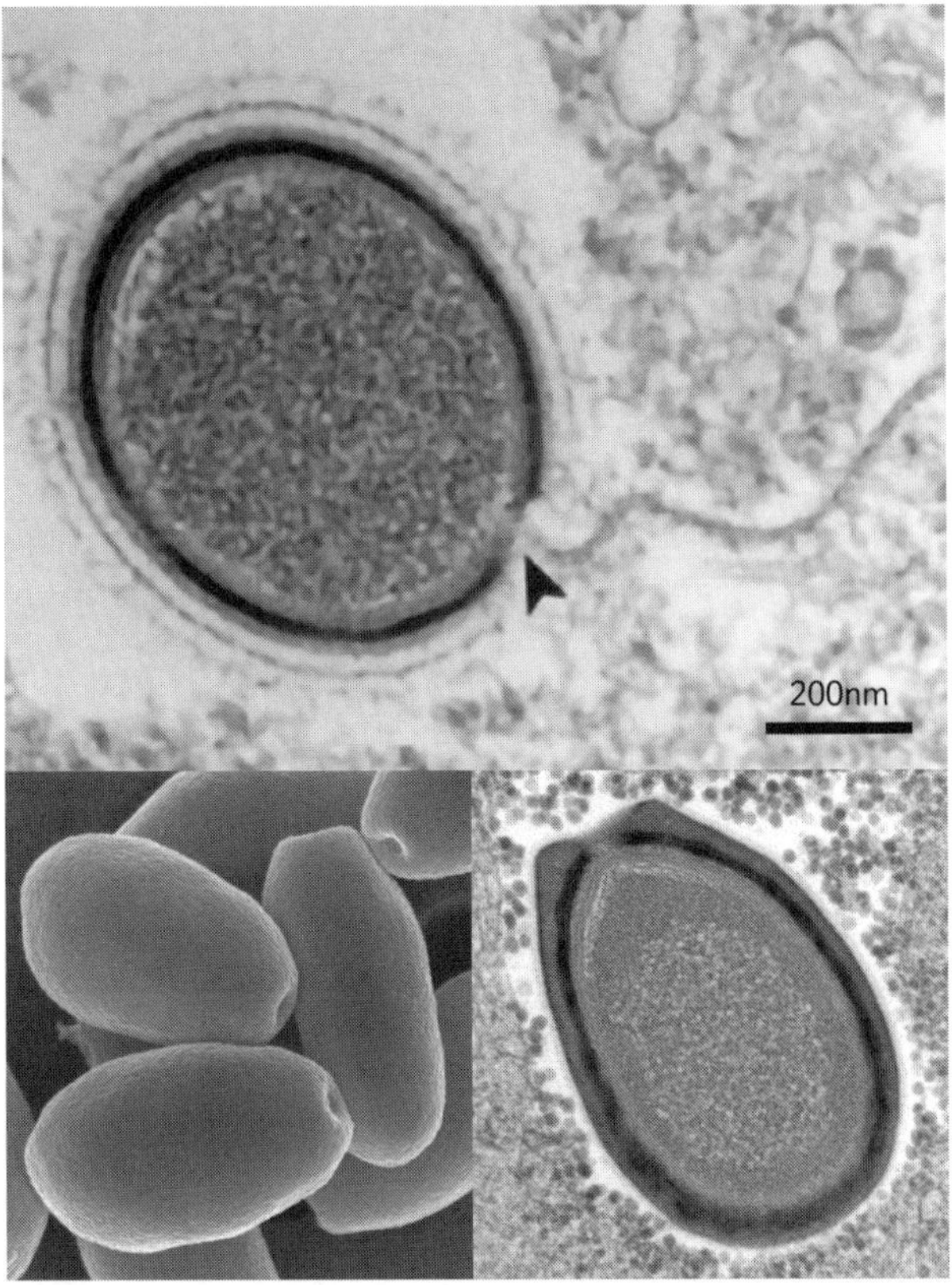

図2-1 つぼ型ウイルス
上：モリウイルス。矢印は開口部を示し、繊維状成分が粒子内に取り込まれようとしているところと考えられる［Legendre M et al. (2015) In-depth study of Mollivirus sibericum, a new 30,000-y-old giant virus infecting Acanthamoeba. Proc. Natl. Acad. Sci. USA 112, E5327-E5335.］
下：日本産パンドラウイルスの走査型電子顕微鏡像（左）と透過型電子顕微鏡像（右）（写真：東京理科大学武村研究室）

たものを、フランスの研究者がアカントアメーバの中で目覚めさせたものである。大きさは、世界最大のパンドラウイルス（一マイクロメートル）ほどはないにしても、ミミウイルス（のカプシド）と同程度の大きさ（五〇〇～六〇〇ナノメートル程度）を誇り、ゲノムサイズもおよそ六五万塩基対と、ミミウイルスほどではないにしてもそこそこ大きい。どこから見ても正二〇面体ではなく、楕円形をしていて、パンドラウイルスなどと同様、「つぼ型ウイルス」に属するものと思われた（図2-1）。

このモリウイルスに関して、じつに興味深い発見があった。精製したウイルス粒子から、宿主であるアカントアメーバのものと思われる「リボソームタンパク質」が複数見つかったのである。

何度もいうが、ウイルスは生物ではない。何よりもリボソームをもたないからである。それなのにモリウイルスは、そのリボソームの材料であるリボソームタンパク質を、宿主からの持ち出しにせよ、自分の粒子内に保持しているのだという。いったいどういうことなのか。

リボソームのかたち

タンパク質合成装置であるリボソームは、それ自身もまた、タンパク質を材料としてつくられている。正確にいえば、リボソームは「RNA」とタンパク質からなる複合体である。タンパク質を合成する役割をもつ自らもまた、タンパク質をその成分として利用しているわけだ。この、リボソームの材料となっているタンパク質が、「リボソームタンパク質」である。

一方のRNAは、DNAと同じく核酸であり、塩基配列からなる点はDNAと同じだが、用いられる塩基が異なるという特徴をもつ。DNAではチミンが使われる代わりにRNAではウラシルが使われること、構成される糖が、DNAではデオキシリボースである代わりにRNAではリボースであることが異なる。加えて、DNAは通常、二本のDNAが相補的に抱き合って二本鎖になっているが、RNAは通常、一本鎖のままではたらき、その一本鎖の中で相補的な配列が部分的に二本鎖を形成し、立体構造をつくったりするという違いがある。

RNAには、タンパク質の設計図である遺伝子（つまりDNA）を鋳型に転写され、リボソームにまでその情報を運ぶ「mRNA（メッセンジャーRNA）」や、タンパク質の材料であるアミノ酸をリボソームにまで運ぶ「tRNA（トランスファーRNA）」、mRNAの調節をしていると考えられている「miRNA（マイクロRNA）」などのさまざまな種類があり、それぞれに重要な役割を果たしている。

そして、細胞内に存在するRNAのうち最大量を誇るのが、リボソームの材料となるRNA、すなわち「rRNA（リボソームRNA）」なのである。rRNAは、原核生物では三種類、真

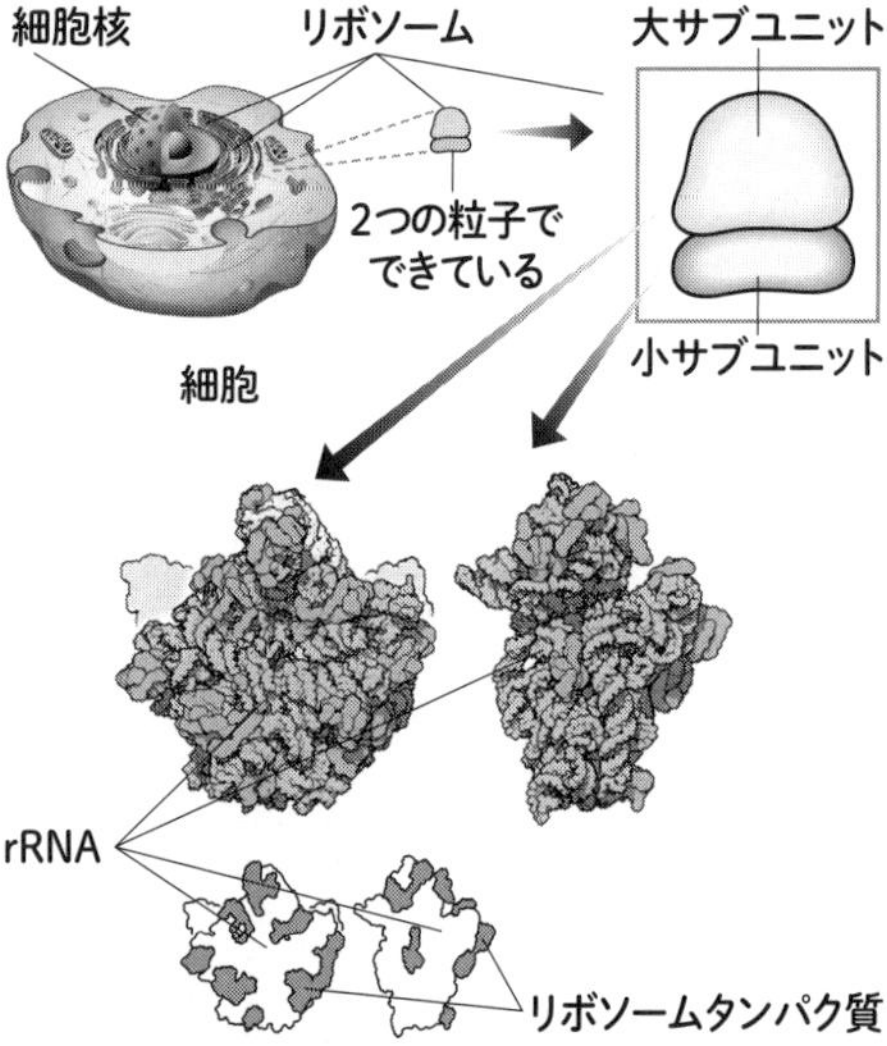

図2-2 リボソーム
（上）リボソームは細胞内に無数に存在する粒子で、大小2つの粒子（サブユニット）でできている
（下）左が大サブユニット、右が小サブユニットの構造
［David S. Goodsell. (2000) The Oncologist 5, 508-509.］

核生物では四種類が一本ずつ集まることで、リボソームをつくり上げている。

また、リボソームタンパク質は非常に多くの種類があり、原核生物では五〇種類以上、真核生物では八〇種類以上にも及ぶリボソームタンパク質が集まって、ｒＲＮＡとともにリボソームを形づくっている。

さらに、個々のリボソームは「大サブユニット」と「小サブユニット」の二つの粒子に分けることができる。タンパク質の合成をしていないときは、この二つの粒子は細胞質内にばらばらに存在し、タンパク質が合成されるときにのみ、ガシッと合体して完全なリボソームとなる。

図2－2は、イラストレーターとしても著名な分子生物学者デイビッド・グッドセル博士が描いたリボソームのイラストである。ｒＲＮＡやリボソームタンパク質の、実際の大きさや形に即したもので、もし読者諸賢がミクロの世界に入り込み、目の前でリボソーム粒子を見たとしたら、おそらくこのように見えるだろうというくらい正確だといわれている。

このイラストを見ると、リボソームタンパク質とｒＲＮＡのリボソーム全体に占める割合は、ｒＲＮＡのほうが圧倒的に大きいことがわかる。比率が高いから重要だとは限らないが、ことリボソームに関していえば、確かに全体に占める割合が高いｒＲＮＡが、リボソームの機能の重要な部分を担っている。

rRNAがタンパク質を合成する

すなわち、リボソームの中でタンパク質を合成する機能を発揮しているのはリボソームタンパク質ではなく、ｒＲＮＡのほうなのである。

タンパク質を合成する機能というのは、もっと具体的にいえば、タンパク質の材料であるアミノ酸をつなげていく「ペプチド転移反応」の触媒をするはたらきのことである。タンパク質は、二〇種類あるアミノ酸が、ペプチド結合によって長くつながってできる。どのアミノ酸をどの順

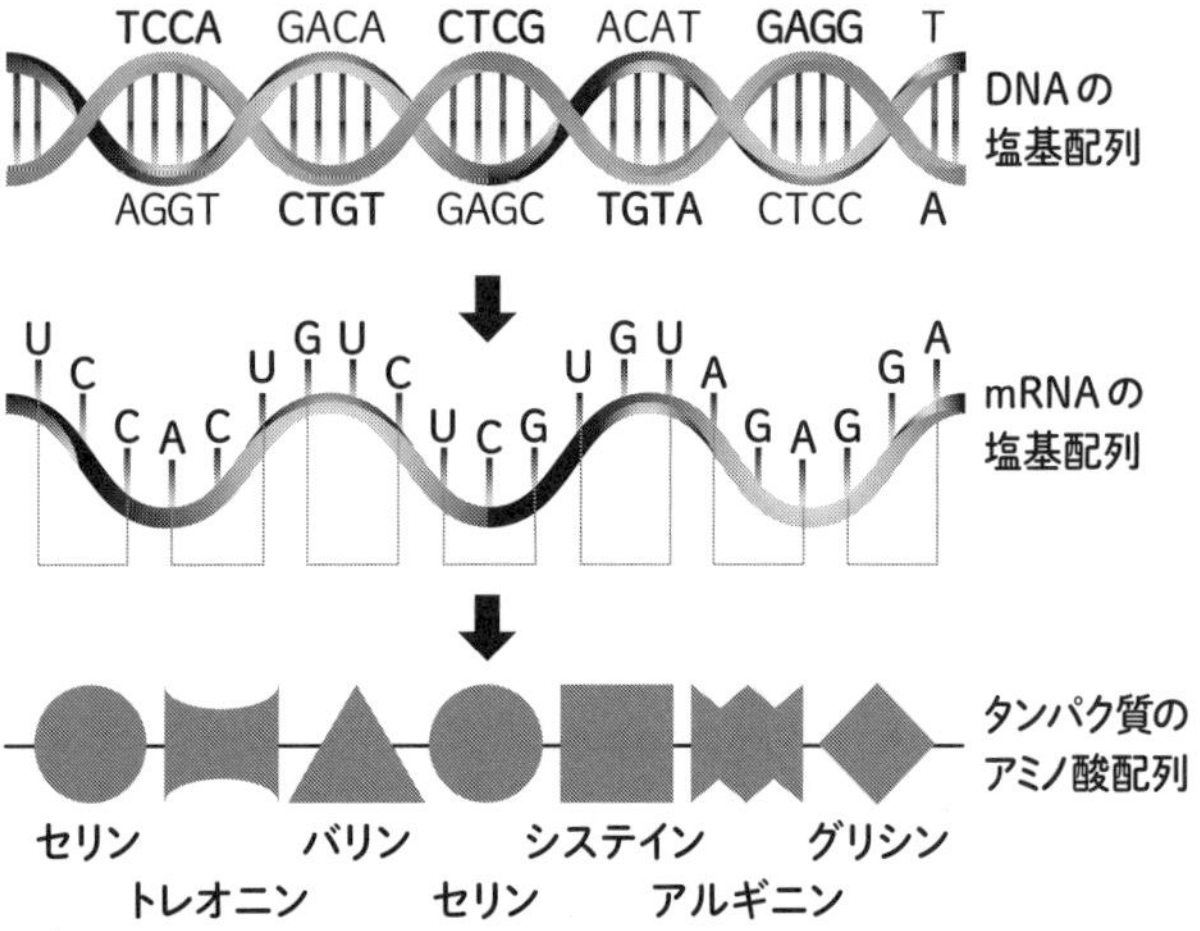

図2-3 塩基配列はどうアミノ酸配列を指定するか
DNAの塩基配列がmRNAの塩基配列として写しとられ（転写）、その塩基配列の3塩基ずつが特定のアミノ酸を指定する1つのコドンとなり、その指定に沿ったアミノ酸配列がつくられる（翻訳）

番でつなぐかによって、タンパク質の種類が変わる。そしてタンパク質の〝設計図〟である遺伝子は、その「どのアミノ酸をどの順番でつなぐか」を、DNAの塩基配列によって指定している（図2‐3）。

リボソームでは、DNAである遺伝子から転写されたmRNAの塩基配列を読み取り、その塩基配列が指定するアミノ酸をtRNAが一個ずつもってきては、それを一個ずつ地道につなぐという作業がおこなわれる。その作業をおこなう酵素が、大サブユニットを構成するrRNAなのである。これまでも述べてきたように、酵素としてのはたらきはタンパク質が担っていることがほとんどなのだが、リボソームにおけるペプチド転移反応の触媒は、リボソームタンパク質ではなくｒＲＮＡが担っている。このように、酵素としてのはたらきをもつＲＮＡを「リボザイム」という。

「じゃあ、リボソームタンパク質は何しとんねん？」ということになるが、ｒＲＮＡの裏方として、その構造維持に重要な役割を果たしていると考えられる。

なんのために持ち出すのか？

したがって、ｒＲＮＡがないとアミノ酸をつなぐことができず、タンパク質を合成することはできない。だからせっかく宿主のリボソームタンパク質を掠《かす》め取ったとしても、モリウイルスにタンパク質を合成することはできない。

生物に近いウイルスの姿を期待した向きには残念な事実だが、「な～んだ」なんていわないでいただきたい。注目すべきは「何をもっているか」ではなく、「モリウイルスはどのように、自らの粒子内にリボソームタンパク質を持ち出したのか」、そして「その持ち出しが偶然だったのか、それともなんらかの意味があったのか」ということである。

もしその持ち出しが必然だったとしたら、リボソームタンパク質だけではタンパク質を合成することはできないはずだから、「モリウイルスは持ち出した宿主のリボソームタンパク質でいったい何をしているのか」が重要なポイントとなる。ただ残念ながら、現段階では何もわかっていない。だから、いまいちばん考えられるのは、その持ち出しが偶然だったという場合である。モリウイルスやパンドラウイルスのような巨大な「つぼ型ウイルス」は、まだ正確には解明されていないものの、ミミウイルスのウイルス工場（227ページ参照）のように、細胞の中で非常に目立つ特別な区画をつくって複製するわけではないため、粒子を形成するにあたって、細胞内のさまざまな物質や構造物を、知らず知らずのうちに取り込んでしまう可能性があるということだ。

モリウイルスを発見した研究者は、モリウイルスが宿主細胞の細胞核を崩壊させ、その「跡地」でウイルス工場を形成することから、細胞核に含まれていた核小体に含まれるリボソームタンパク質が、ウイルス粒子の形成にともなって取り込まれるのではないかと考察している。つまり、モリウイルスがリボソームタンパク質を粒子内にもっているのは、単にたまたま取り込んでしまっただけだということだ。まさしく「な〜んだ」である。

もう一つ、「な〜んだ」といわれそうな事例がある。ミミウイルス科の巨大ウイルスが、ｒＲＮＡの一部の塩基配列をそのゲノムにもっていることが知られているのだ。それは、「18Ｓ ｒＲＮＡ」とよばれるｒＲＮＡで、真核生物のリボソームの小サブユニットの成分となっているものである。もちろん、完全な長さのものをもっているわけではないので、18Ｓ ｒＲＮＡとして機能はしないのだけれども（ここで「な〜んだ」となる）、いったい彼らがどうやってその塩基配列を手に入れたのかということもまた、巨大ウイルスの大きな謎の一つとなっている。

さらに興味深い例を挙げると、巨大ウイルスではないが、アレナウイルスというRNAウイルスの仲間は、宿主のリボソームそのものを粒子内に持ち出すことが知られている（図2-4）。「アレナ」というのは砂粒という意味で、ウイルス粒子内に持ち出したリボソームがまるで砂粒のように見えることから名づけられたものだ。そのリボソームはもちろん、アレナウイルスにとっては〝宝の持ち腐れ〟であるはずなのに、いったいどうやって持ち出したのか、持ち出して何をしようとしているのか、これもまったくの謎である。

こうしたウイルスによる細胞内物質、細胞内構造の持ち出しは、その理由は確かに謎ではあ

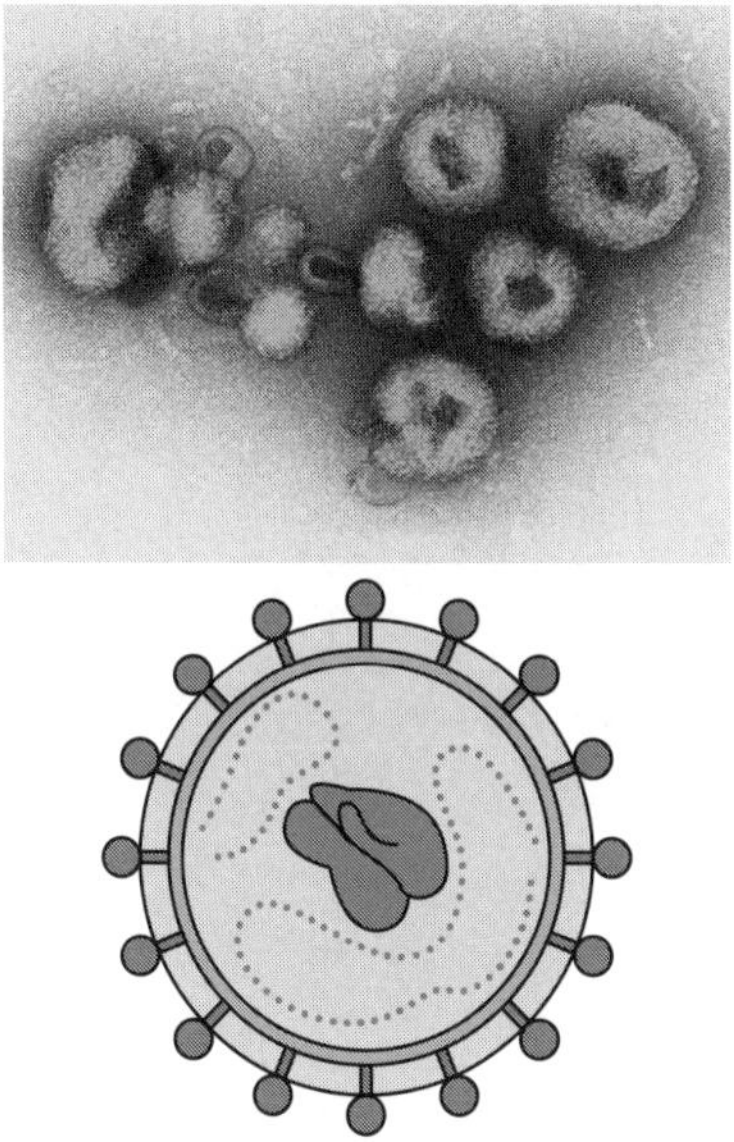

図2-4　アレナウイルス（上）と、アレナウイルスが粒子内に持ち出したリボソーム（写真提供：Science Photo Library ／アフロ）

るが、長いスパンで考えると、意味のある現象なのかもしれない。そのときは偶然であっても、長い時間をかけて意味のある現象となり、そのウイルスの、さらにはそのウイルスが感染する相手である細胞の進化をもたらすことも、大いにあり得るからである。リボソームのやり取りもまた、そのような長い歴史の上で成り立つのであれば、モリウイルスが持ち出したリボソームタンパク質にも、ミミウイルスのゲノムに存在するｒＲＮＡの一部にも、そしてアレナウイルスが持ち出したリボソームにも、なんらかの重要なメッセージが隠されているのかもしれない。

リボソームによる翻訳作業

さて、話をリボソームに戻し、そこでおこなわれているタンパク質合成の概略に触れておこう。

真核生物では、リボソームは細胞核の中にはなく、細胞質全体に無数に散らばって存在している。原核生物の場合は細胞核がないから、ＤＮＡのすぐそばにも存在するし、おもだったリボソームは細胞膜に近い細胞質内のいたるところに無数に存在しているといわれる。

以降は、僕たち真核生物の場合について述べる。

細胞核の中で遺伝子から転写され、その塩基配列を写し取ったｍＲＮＡが、細胞核表面に無数

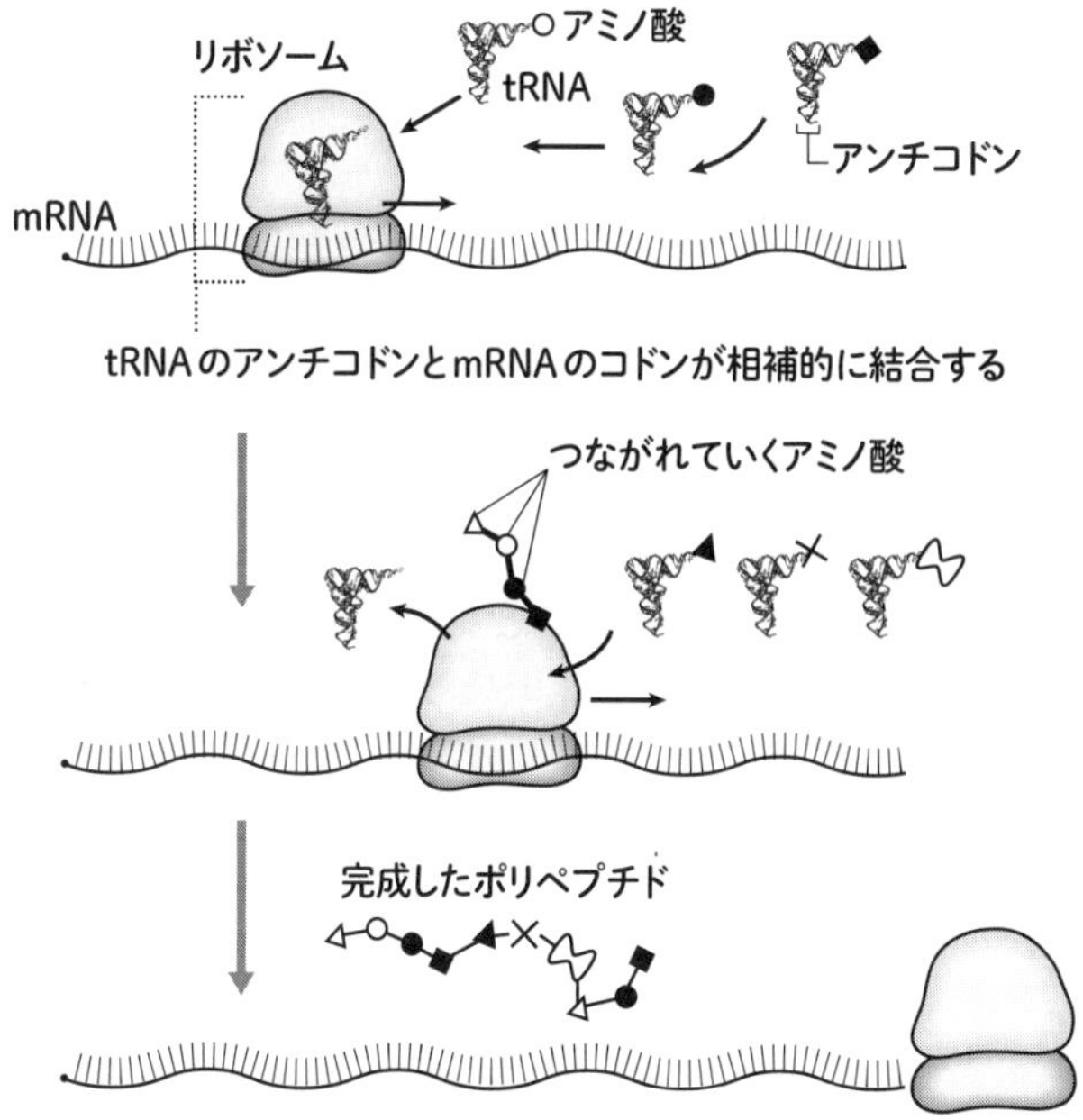

図2-5 翻訳のしくみ

に開いた孔＝「核膜孔」を通り抜けて、リボソームが大量に存在する細胞質にやってくる。するとまず、そこで待ち受けていたリボソームの小サブユニットが、ｍＲＮＡにとりつく。

小サブユニットにはすでに、最初のアミノ酸である「メチオニン」（バクテリアではフォルミルメチオニン）がくっついたトランスファーＲＮＡ（ｔＲＮＡ）が結合していて、これがｍＲＮＡ上で「あいつはどこにおんねん」とばかりに、メチオニンに対応し、かつタンパク質の合成がスタートする最初のコドンである「開始コドン」をサーチする。「コドン」とは、mRNA上の三つの塩基からなる「アミノ酸の暗号」のことを指す（98ページ図2－3も参照）。開始コドンを見つけると、そこに大サブユニットが「ようやった！」といわんばかりに結合し、リボソームが完成すると同時に、タンパク質の合成がスタートする。

このように、すべてのタンパク質の合成はメチオニンからスタートするが、合成されたタンパク質が成熟する段階で、合成され始めの部分が切断されることもあるため、細胞内外で実際にはたらいているすべてのタンパク質の最初のアミノ酸がメチオニンであるというわけではない。

リボソームがmRNAの上をコドン三塩基分ずつ動いていくのとともに、アミノ酸を一個ずつくっつけたtRNAが次々にリボソームの所定の位置に入り込んでいく。こうして入り込んだアミノ酸を、大サブユニットを構成するrRNAが、ペプチド転移酵素としてのはたらきを発揮してどんどんつなげていく。

このように、mRNAの塩基配列をもとにアミノ酸配列をつくっていく過程を、ある言語を別の言語に変換する行為になぞらえて、「翻訳」とよぶ。いうなれば、塩基でできた〝言語〟をアミノ酸でできた〝言語〟に変えるのであって、リボソームはつねに、飽きることなくこの翻訳作業をシコシコとおこなっているのである（図2－5）。

これが、リボソームという〝大黒柱〟の重要な役割なのだ。

翻訳作業のサポート役

ここで、「翻訳」という言葉が出てきた。

翻訳家のみなさんの仕事ぶりを拝見したことがないので想像でしかないが、翻訳作業にあたり、原書を手に入れてから翻訳を開始されるまでには多くの苦労があると思われるし、翻訳をしている最中にもいろいろなサポートが必要であろう。翻訳が終わってから出版にこぎつけるまでにも多くの努力が必要であるはずだ。著名な翻訳家であれば、助手や編集者などがそうしたサポートの任を担うことがあるだろう。

じつは、リボソームによる翻訳においても、そうしたサポートをするものたちがいる。そのほとんどは、タンパク質である。翻訳が開始される反応では、リボソームの小サブユニットをｍＲＮＡと結合させるためのタンパク質や、不必要な結合を阻害するためのタンパク質がはたらいている。翻訳中の「アミノ酸配列伸長反応」、すなわち、アミノ酸を一つずつペプチド結合でつないでいくペプチド転移反応では、アミノ酸を結合させたｔＲＮＡをリボソームの所定の場所に導くタンパク質がはたらく。翻訳の終結反応では、ｔＲＮＡの代わりに終止コドンに入り込み、翻訳をストップさせるタンパク質がはたらく、といった具合である。

このように、リボソーム以外にもさまざまなタンパク質が翻訳作業に関わっているからこそ、きちんとした翻訳が僕たちの細胞の中でおこなわれるのである。したがって、たとえある巨大ウイルスがペプチド転移活性をもつｒＲＮＡをもっていたとしても、それだけではやはりタンパク質をつくることはできないのである。ましてや、ペプチド転移活性をもたない18Ｓ ｒＲＮＡの、しかもそのごく一部しかもっていないミミウイルスがタンパク質をつくれないのは当然のことであり、リボソームタンパク質しかもっていないモリウイルスがタンパク質をつくれないのも当たり前なのである。

「生物に限りなく近い」ウイルス

ツパンウイルスという巨大ウイルスがいる（図２‐６）。二〇一八年にブラジルの微生物学者、ヨナタス・アブラハオ博士によって、塩濃度の濃い湖、いわゆる塩湖と深海からそれぞれ一種類ずつ発見されたものである。

このウイルスは、ミミウイルスの仲間であることが明らかとなっている。なぜならミミウイルスと同じように表面に無数の毛（表面繊維）が生えているし、スターゲート構造をもっているし、そしてなにより、遺伝子の分子系統解析によってミミウイルスに非常に近いことがわかったからである。ところが、その形が奇妙なのだ。

ミミウイルスに該当する正二〇面体はあるにはあるが、それ以外に、その正二〇面体にくっつくように、棒状の胴体のような部分がニョキリと飛び出した格好をしていることがわかったのである。まるで、正二〇面体部分が〝頭〟で、ニョキリと飛び出した部分が〝胴体〟のように見える。まるで〝前方後円墳〟のようなウイルスなのだ。いや、人によっては〝こけし〟のように見えるかもしれない。

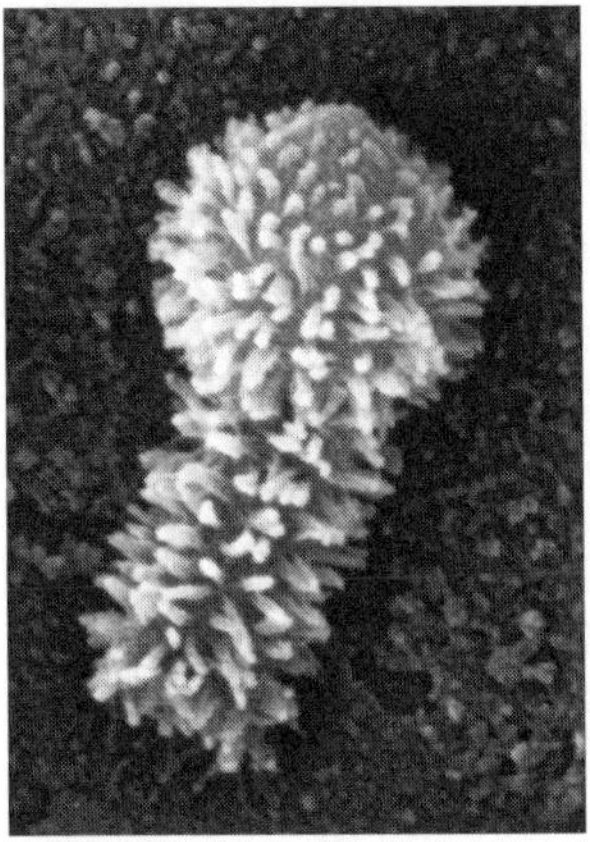

図2-6 ツパンウイルス
ミミウイルスによく似た頭部と、頭部と同じように表面繊維に覆われた胴体からなる不思議なウイルス（写真提供：Dr. Jônatas Santos Abrahão, Microbiology Department, Universidade Federal de Minas Gerais, Brazil）

姿形は、この際どうでもよい。面白いのは、ツパンウイルスがどうやら、ありとあらゆる〝翻訳作業のサポート役〟の遺伝子を保有していることがわかったことである。翻訳の開始反応に必要な開始因子が八種類、アミノ酸配列の伸長に必要な伸長因子が二種類、そして、翻訳終結因子が一種類である。これまでの巨大ウイルス（特にミミウイルス科）において、こうした翻訳関連遺伝子が見つかっているものは数多くあったが、これほど大量に〝サポート役〟遺伝子を保有しているのはツパンウイルスが初めてだった。

だからといって、彼らが自力でタンパク質を合成できるわけではない。なぜなら自前のリボソームがやはりないからである。とはいえ、あとはリボソームさえ備わっていれば、翻訳作業自体は自力で滞りなく進めることができるのではないかと思えるほど、「生物に限りなく近い」ウイルスであるというところが、ツパンウイルス最大の発見であったといえるだろう。

リボソームの〝下請け〟役

話は、翻訳より前の時間へと遡る。

翻訳に関わる最大、かつ最重要なものはもちろんリボソームだが、それ以外にも、先述したようにさまざまなタンパク質が、〝翻訳作業のサポート役〟として、翻訳の開始反応、途中の反応、そして終結反応に関わっている。

しかし、翻訳作業が開始されるよりも前に、重要なタンパク質がはたらいて、翻訳作業を下からサポートしていることを忘れてはならない。それは、リボソームにアミノ酸を運ぶはたらきをするｔＲＮＡに、そのアミノ酸を結合させるという重要な役割を担う酵素のことである。いわば、リボソームにおける翻訳作業、すなわちタンパク質合成反応の〝下請け〟にあたるもので、「アミノアシルｔＲＮＡ合成酵素」とよばれるタンパク質がその任を担っている。

つまり、リボソームとその〝サポート役〟たる翻訳関連遺伝子がありさえすれば翻訳作業が進む、というわけではないのである。たとえそれらの遺伝子をもっていたとしても、タンパク質の材料となるアミノ酸をｔＲＮＡに結合させて、リボソームへと送り出してくれる連中がはたらかなければ、リボソームでの翻訳作業は成り立たないのだ。

この酵素の面白いところは、それぞれのアミノアシルｔＲＮＡ合成酵素によって、どのｔＲＮＡにどのアミノ酸を結合させるかが決まっていることである。たとえば、メチオニンというアミノ酸をｔＲＮＡに結合させるのは「メチオニルｔＲＮＡ合成酵素」で、これは、たとえばチロシンというアミノ酸をｔＲＮＡに結合させる「チロシルｔＲＮＡ合成酵素」とは別物である。といった具合に、同様にセリンというアミノ酸〝専属〟の「セリルｔＲＮＡ合成酵素」というものも存在するし、イソロイシン〝専属〟の「イソロイシルｔＲＮＡ合成酵素」も存在する。

要するに、タンパク質を構成する二〇種類のアミノ酸のすべてにおいて、それらを専門とするアミノアシルｔＲＮＡ合成酵素が存在するのだ。ということは、自立して完全な翻訳作業をおこなうためには、アミノアシルｔＲＮＡ合成酵素もまた、少なくとも二〇種類を完全に自ら保有していなければならないことになる。

アミノアシルｔＲＮＡ合成酵素は、単にアミノ酸をｔＲＮＡに結合させるだけでなく、ｍＲＮＡ上のコドンに結合できる「アンチコドン」をもつｔＲＮＡと、そのアミノ酸を選択的に結合させている。もしアミノアシルｔＲＮＡ合成酵素が、アミノ酸ならなんでもよく、どのｔＲＮＡでもかまわない状態になっていたら、アミノ酸とコドンの厳密な対応関係は構築できない。

だからこそ、それぞれのアミノ酸〝専属〟の酵素が用意され、適切なアンチコドンをもつｔＲＮＡと結合できるよう、アミノアシルｔＲＮＡ合成酵素のレパートリーが用意されたのだ。〝面白いところ〟というより、〝融通が利かないところ〟といったほうがよいかもしれない。

僕たち生物には、このアミノアシルｔＲＮＡ合成酵素遺伝子が、きちんと二〇種類備わっている。そして、従来のウイルスには、この遺伝子は存在しなかった。ところが、二〇〇三年に発見されたミミウイルスは違ったのだ。ミミウイルスには、まさにこの、ｔＲＮＡにアミノ酸を結合させる反応を触媒する酵素、「アミノアシルｔＲＮＡ合成酵素」の遺伝子が備わっていたのである。

ミミウイルスとアミノアシルtRNA合成酵素

ミミウイルスのゲノムに、アミノアシルｔＲＮＡ合成酵素の遺伝子が存在したというのは、長

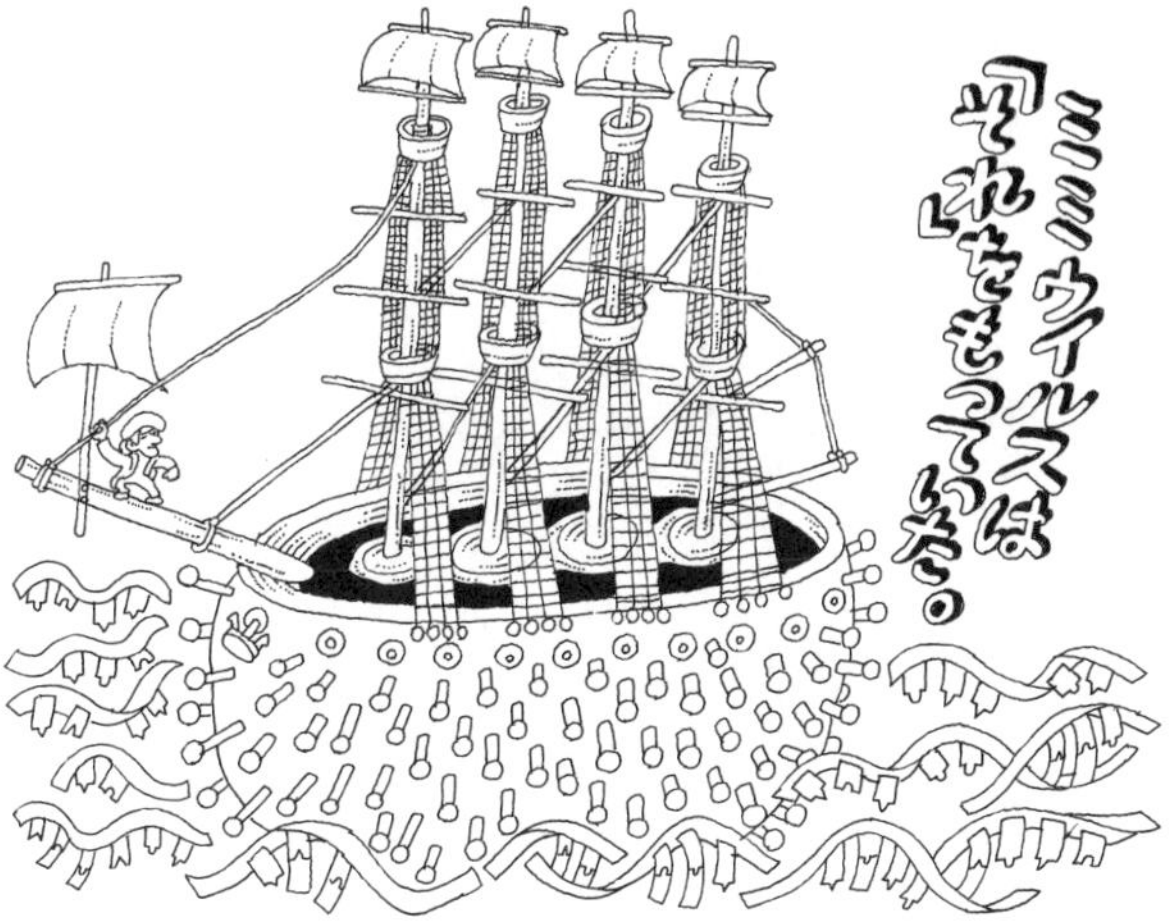

らくウイルスの研究に従事してきた人間（僕ではない）にとっては驚くべきことであったろう。ウイルスは細胞に感染し、そのしくみを利用して増えるのだから、不要なものは必要以上にはもたない、すなわちウイルスは究極のミニマリストであるというのが常識だったはずなのだ。

ところがミミウイルスは、それをもっていた。これを驚かずして、いったい何を驚けというのか。ミミウイルスの発見者ならずとも、その論文を読んだ科学者たちは高揚したに違いない。

しかし、ここで一気に盛り上がりはトーンダウンする。残念ながらというべきか、さらに驚くべきというべきか、ミミウイルスがもっていたのは二〇種類ではなく、たった四種類のアミノアシルtRNA合成酵素にすぎなかった。その四種類とは、メチオニン、アルギニン、チロシン、システインという四種類のアミノ酸〝専属〟のアミノアシルｔＲＮＡ合成酵素である。

もちろん、この四種類だけではタンパク質はつくることができない。ミミウイルスのタンパク質を構成するアミノ酸でこの四種類が特に多いというわけでもない。つまり、この四種類だけでは、ミミウイルス自身のタンパク質でさえつくれないのである。

いったいなぜ、四種類しかもっていないのか。高揚した科学者の頬っぺたは、その瞬間に一気に冷えていった……かと思いきや、そうではなかった。科学者というのは新たな謎にぶち当たるとさらに燃える（萌える）性格をもつ人種だから、その謎を明らかにすべく立ち上がった研究者もいたわけである。

ミミウイルスがもっているアミノアシルｔＲＮＡ合成酵素遺伝子が、いったいどういう場合に発現するのかを解析した研究者が出てきたのだ。彼らは、宿主であるアカントアメーバの培地の栄養状態に着目し、ＰＢＳ（pHが調節できる生理的食塩水みたいなもの）、栄養分を極端に少なくした栄養培地、そして通常の栄養培地という三種類の溶液中でアカントアメーバを培養し、そこにミミウイルスを感染させたのである。

その結果、栄養分が少ない培地ほど、四種類のアミノアシルｔＲＮＡ合成酵素遺伝子の発現が強い、すなわち、つくられる酵素の量が多いことがわかった。つまりミミウイルスは、宿主が栄養飢餓状態に陥《おちい》ってしまった際に、それを少しでも補うために、自身のゲノムにこれらの遺伝子をもっているのではないか、ということが示唆されたのである。

しかし、結論が「～のため」というような「目的論」になってしまってはいけない。もしそんな「目的」があったのだとすれば、ミミウイルスは二〇種類すべてのアミノアシルtRNA合成酵素遺伝子をもっているだろう。

そうでないとすれば――そして、四種類のアミノ酸が特にミミウイルスのタンパク質でよく使われているというわけではないのであれば、おそらくこの四種類のアミノアシルtRNA合成酵素遺伝子は、「遺伝子の水平移動」によって、たまたま宿主から獲得されたものであると考えるべきであろう。そしてたまたま、これらの遺伝子を栄養飢餓の際に発現するようになった、と考えるのが適切である。

遺伝子の水平移動とは、ある種の生物（あるいはウイルス）から別の種の生物（あるいはウイルス）へと、遺伝子が移動することをいう。通常の遺伝子の移動は、遺伝によって親から子へと伝わる「垂直移動」であるから、水平移動はいわば特殊な例であるといえる。

〝フルセット〟の達成

この「遺伝子の水平移動」による偶然の獲得は、ミミウイルス科ウイルスの種類によって、もっているアミノアシルtRNA合成酵素遺伝子の数がバラバラであることからも推測される。

二〇〇三年の最初のミミウイルスの発見以降、一〇〇株以上のミミウイルスの仲間が発見されてきた。そのうち、二〇一一年に発見された「メガウイルス・キレンシス」は、最初のミミウイルスの四種類よりも粒子サイズやゲノムサイズがやや大きいウイルスで、そのゲノムには、ミミウイルスよりも多い、七種類のアミノアシルtRNA合成酵素遺伝子が含まれていた。先の四種類のアミノ酸に加え、イソロイシン、トリプトファン、アスパラギンの三種類のアミノ酸〝専属〟酵素の遺伝子が存在していたのである。

二〇一七年には、ある手法によって、一九種類もの〝専属〟遺伝子を保有する巨大ウイルスも見つかった。正確には、ウイルス粒子を分離することに成功したものではなく、サンプル中のDNAを網羅的に調べてわかったものなので（このような手法を「メタゲノミクス」という）、〝見つかった〟というより、〝存在することが明らかになった〟といったほうが適切かもしれない。

それは「クロスニューウイルス」というウイルスで、これまたミミウイルスの遠い親戚であった。二〇種類まで、文字どおりのあと一歩。この論文を最初に読んだとき、「あっとひっとり！」という大声援が今にも聞こえてきそうな感じがしたことを覚えている。

その翌年の二〇一八年に発見されたのが、先ほどご紹介した〝サポート役〟遺伝子をたくさんもっている前方後円墳のようなウイルス、すなわち「ツパンウイルス」だった。なんとこのウイイ

ウイルス名（解析手法）	科名（提唱を含む）	（aaRS）遺伝子の数
Tupanvirus（分離）	Mimiviridae（ミミウイルス科）	20
Yasminevirus（分離）	Klosneuviridae（クロスニューウイルス科）	20
Klosneuvirus（メタゲノム）	Klosneuviridae（クロスニューウイルス科）	19
Catovirus（メタゲノム）	Klosneuviridae（クロスニューウイルス科）	15
Hokovirus（メタゲノム）	Klosneuviridae（クロスニューウイルス科）	13
Megavirus（分離）	Mimiviridae（ミミウイルス科）	7
Moumouvirus（分離）	Mimiviridae（ミミウイルス科）	6
Mimivirus（分離）	Mimiviridae（ミミウイルス科）	4
Pandoravirus（分離）	Pandoraviridae（パンドラウイルス科）	1
Cafeteria roenbergensis virus（分離）	Mimiviridae（ミミウイルス科）	1

図2-7　巨大ウイルスがもつアミノアシルtRNA合成酵素(aaRS)の種類数

ルスは、〝サポート役〟だけでなく〝下請け〟の遺伝子もきちんともっており、僕たち生物と同じ二〇種類のアミノアシルtRNA合成酵素をもつ、いわば〝フルセット〟を達成することにちゃっかり成功していたのである（図2-7）。

この論文を読んで、僕が最初に放った一言が「マジか！」であったことを鮮明に覚えている。目的（あっとひっとり！）が達成されたとたんに冷めたといった塩梅である。

そして、二〇二〇年にはさ

らにもう一つ、フルセットを達成した巨大ウイルスが発見された。「ヤスミンウイルス」というどこか安っぽい名前の、しかし、そのゲノムは二〇〇万塩基対を超えるという〝バカデカ〟ウイルスである。クロスニューウイルスの仲間らしいが、ミミウイルスに近いのに〝毛〟（表面繊維）がなく、正二〇面体のカプシドの大きさもミミウイルスより小さい。ところがゲノムは、パンドラウイルスに迫るほど巨大。なんとも変わったウイルスである。

というわけで、ここ数年は毎年のように興味深いさまざまな翻訳関連遺伝子をもつ巨大ウイルスが発見されつづけている。もしかしたら、〝サポート役〟や〝下請け〟、さらに単に宿主から盗み出したリボソームだけでなく、真の意味でリボソームを所有している巨大ウイルスが発見されるのも、時間の問題かもしれない。

何度もいうが、これらの遺伝子の獲得は、遺伝子の水平移動による偶然の産物であり、ウイルス自身が強く欲して実現したわけではない。たまたま、ミミウイルスは四種類、メガウイルスは七種類、クロスニューウイルスは一九種類、ツパンウイルスとヤスミンウイルスは二〇種類のアミノアシルtRNA合成酵素遺伝子を、現在までに手に入れてきたにすぎないのである。

したがって、真の意味でリボソームを所有している巨大ウイルスが見つかったとしても、それもやはり、「たまたま」もっていたにすぎないのかもしれない。

リボソームをカスタマイズする

遺伝子は単なるDNAの塩基配列だから、遺伝子の水平移動による新たな遺伝子の獲得は、ゲノムの長さがほんのちょっとだけ長くなるという程度のことにすぎないという面もある。

しかし、リボソームを新たに獲得し、それをもつとなると、あたかもお菓子をたくさん詰め込みすぎたズボンのポケットのように、ウイルスにとってやや〝お荷物〟になってしまうリスクがある。ウイルスにとって現実的なのは、自分でリボソームを所有するよりも、宿主のリボソームを使う戦略であることはいうまでもなかろう。

また自分でリボソームをもつと、そのぶん、それを使いこなすためのエネルギーも必要となり、今の小さい粒子状の姿を維持するのは難しくなるだろう。むしろ、宿主のリボソームを横取りし、それを自分なりに〝カスタマイズ〟して使うという戦略のほうが、ウイルスにとっても楽なのではないだろうか。

細胞は、何から何まで自分でやらなければならないため（それが「生きる」ということだ）、エネルギーをたくさん使う必要がある。一方で、自分の力で増えることができるので、強烈に依存しなければならないような〝他者〟は、完全寄生性の生物などの一部の例外を除けば、必要としない。

対照的にウイルスは、宿主を必須とする強烈な〝他者依存〟体質であるから、宿主が存在する環境でないと増殖することができないというリスクをつねに背負っている。その代わり、使えるものはすべて宿主のものを使い、最小限のエネルギーで生き、他者依存のリスクをカバーするため、いったん細胞に感染すると何万倍にも増えることができるシステムを進化させたのである。

ここで、ポックスウイルスの例を紹介しよう。

ポックスウイルスは、ミミウイルスが発見されるまで世界最大の大きさを誇っていたウイルスで、イギリスのエドワード・ジェンナーがワクチンを開発したときに使われた牛痘《ぎゅうとう》ウイルスや、ヒトに感染して数々の歴史に大きな影響を与えてきた天然痘ウイルスなどが有名である。このポックスウイルスが、じつは宿主のリボソームを〝カスタマイズ〟するらしいのだ。

ポックスウイルスがもっている「キナーゼ」という酵素は、別のタンパク質のセリンやトレオニンなどのアミノ酸にリン酸を結合させる酵素の総称、すなわち「リン酸化酵素」であり、僕たち生物にも広く存在するものだ。リン酸化とは、僕たちの細胞内でひんぱんに起こる反応で、タンパク質がリン酸化されるとその構造が変化して、はたらきが促進されたり抑制されたり、あるいは新たなはたらきが〝発動〟したりする。つまり、タンパク質のはたらきを調節するという重要な意味が、リン酸化にはある。

ポックスウイルスが細胞に感染すると、このキナーゼを使って、細胞のリボソームを構成するリボソームタンパク質の一つ「RACK1（receptor for activated C kinase 1）」をリン酸化するらしいのである。その結果、どうなるか。

ポックスウイルスの遺伝子から転写されるmRNAには、その開始コドンよりも上流にある「5′非翻訳領域」に、アデノシンがたくさん並んだ「ポリAリーダー」とよばれる特殊な配列がある。どうやら、リボソームタンパク質であるRACK1がリン酸化されて、そのタンパク質表面のマイナスの電荷が多くなると、そのリボソームは選択的に、つまり宿主のmRNAよりも優先して、ポリAリーダーが存在するポックスウイルスのmRNAと結合し、そのタンパク質をつくるようになるという。

二〇一七年にこの現象を発見し、科学誌『ネイチャー』に論文を発表したアメリカの研究者は、これを「ポックスウイルスのキナーゼによるリボソームのカスタマイズ」と表現している。まさにポックスウイルスは、〝他人〟であるはずの細胞のリボソームを自分用に〝改変〟して、自らのタンパク質をつくらせているのである。

確かに、自分自身がリボソームをもつよりも、このほうがはるかに効率的であろう。

除け者の立場を払拭できるか

すべての生物がリボソームをもち、rRNAのはたらきによってタンパク質を合成しているため、このrRNAは、生物どうしの系統関係を知るうえで重要な指標となっている。なぜなら、すべての生物においてはたらきが同じ分子については、系統が近い生物どうしでは、塩基配列やアミノ酸配列が比較的似ていて、遠い生物どうしは比較的似ていないという、系統関係と塩基配列あるいはアミノ酸配列の相同性に相関があることが多いからである。

現在では、原核生物では三種類、真核生物では四種類あるrRNAのうち、小サブユニットの構成成分である「16S rRNA」(原核生物の場合)もしくは「18S rRNA」(真核生物の場合)が、生物の系統関係を推測するのに用いられている。この「S」は、沈降係数とよばれる単位で、遠心分離をした際にそのrRNAがどれくらいの速さで落ちるかを表した指標となっている。また、リボソームそのものでも沈降係数が決められており、原核生物のリボソームは70S、真核生物のリボソームは80Sである。

現在の生物の分類において、高校の教科書にも掲載されているのが、プロローグでも紹介した「三ドメイン説」である。すべての生物は、バクテリア(細菌)、アーキア(古細菌)、そして真核生物という三つの「ドメイン(超界)」に分類される。この分類は、一九七七年に生物学者の

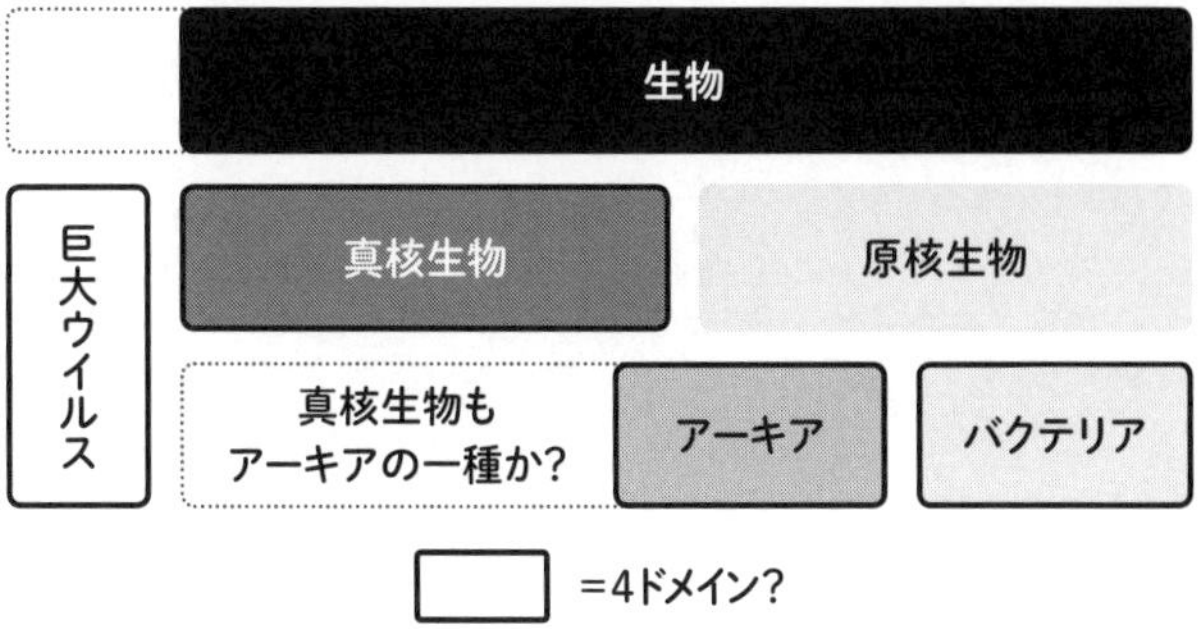

図2-8 第4のドメイン
巨大ウイルスは、バクテリア、アーキア、真核生物につづく「第4のドメイン」なのか?

ウーズがおこなった、rRNAの塩基配列をもとにした生物分類の新たな提案がもとになっている。

その後、この三つのドメインに共通して存在するさまざまな遺伝子、特にDNAポリメラーゼ、RNAポリメラーゼなどのいわゆる〝情報系〟遺伝子を用いた分子系統解析が多くなされてきて、生物がこの三つに大きく分けられることを支持してきた。いわば、三ドメインという分類にお墨付きを与えてきたわけだが、ここに割って入ってきたのが「巨大ウイルス」である。

分子系統解析によって、ミミウイルスのDNAポリメラーゼが真核生物の起源により近いところ(アーキアの分岐点に非常に近いところ)から進化してきたことが示唆されたのをきっかけとして、ミミウイルスを含む巨大ウイルスの起源を生物に、しかも、これまでの三つのドメインとは異なる「第四のドメイン」の生物に求めようという考え方が出てきた。研究者のなかには、巨大ウイルスは生物の一つとして「第四のドメイン」に位置づけようと考える人たちもいるくらいである(図2-8)。(このあたりの話に関する詳細は、拙著『巨大ウイルスと第4のドメイン』講談社ブルーバックスを参照されたい。)

しかしながら、生物の系統関係をrRNAによって推測する手法は、生物学ではいまだに汎用されているものであり、その点では、rRNAがないウイルスは、たとえ他の遺伝子で声を大にしてものをいおうとしても、やっぱり「除《の》け者」に変わりない。rRNAを完全な状態で保有し、しかも、それを実際に機能させているようなウイルスは、果たして見つかるのだろうか。もし見つかれば、生物分類に一石どころか二石も三石も投じる画期的なものとなるであろう。「まだ見ぬ巨大ウイルスよ、その姿を顕《あらわ》せ」と叫びながら、本章を終えることにしよう。

第3章

ミトコンドリア

mitochondria

——数奇な運命をたどった「元」生物

ジャズサックス奏者にして ミジンコ研究者としても有名な坂田明氏に、「ミトコンドリア」という名がつけられた曲があることはつとに知られているし、瀬名秀明氏の小説『パラサイト・イヴ』は、細胞に〝寄生〟して生きてきたミトコンドリアが、宿主に対して反乱を起こすという仮想世界を描いた小説だ。最近は「ミトコンドリア健康法」なるものまで存在する（その真偽は僕にはわかりません）。じつにさまざまな場面で、ミトコンドリアの名を聞く昨今である。

ミトコンドリアはおそらく、最も有名な細胞小器官だろう。その語感もまたよい。チーズドリアみたいに美味しそうだし、茫漠《ぼうばく》たる宇宙に点在するオアシスのような印象も覚える。

ミトコンドリアの語源は、ギリシャ語の「mitos（英語のthread：糸）と、「chondrion」（英語のgranule：顆粒《かりゅう》）に由来する。思わず、「糸の顆粒」ってなんやねんといいたくなる、どこか矛盾したネーミングだが、後述するように、じつは矛盾しているわけではない。

ミトコンドリアはそもそも、僕たち真核生物の細胞がもつ、一つの「細胞小器官」にすぎないはずだった。ところが、研究が進むにつれて、真核生物の進化にきわめて重要な役割を担ってきたことがわかってきた。そして、どうやらウイルスとの関係も、案外奥が深いかもしれない、ということも——。

これは、そうしたミステリアスなベールに包まれた、驚くべき「寄生者」の物語である。

ミトコンドリアとは何者か

巨大ウイルスの研究をするようになってから、ミトコンドリアの姿を目にすることが多くなってきた。アカントアメーバの細胞内に侵入し、そこで「ウイルス工場」をつくって増殖している巨大ウイルスを電子顕微鏡で観察すると、いつもその脇で顔を覗《のぞ》かせているからである。

ウイルス工場とは、ウイルスが自身の複製・増殖をおこなう際に、宿主の細胞内を区分けして構築する〝構造物〟である。ただし、すべてのウイルスがウイルス工場をつくるわけではないし、その構造や機能も、ウイルスによってさまざまである。

図3－1は正常な、つまり、巨大ウイルスが感染していないアカントアメーバの透過型電子顕微鏡写真である。細胞質のあちらこちらに、丸くて内部にシワが寄っているように見える構造体が見てとれる。これがミトコンドリアだ。

教科書などではよく、細長い楕円《だえん》形のゼリービーンズのような形をしたミトコンドリアの図を見かけるが、少なくともアカントアメーバに関しては、実際に電子顕微鏡で観察すると、たいていはまんまるな形をしている。もっとも、透過型電子顕微鏡での撮影は試料の「切片」を見る手法なので、まんまるな形がそのままミトコンドリアの形を意味するわけではなく、たとえば蛍光顕微鏡などで観察するともっと細長かったり、糸みたいに見えたりする。だから「糸の顆粒」な

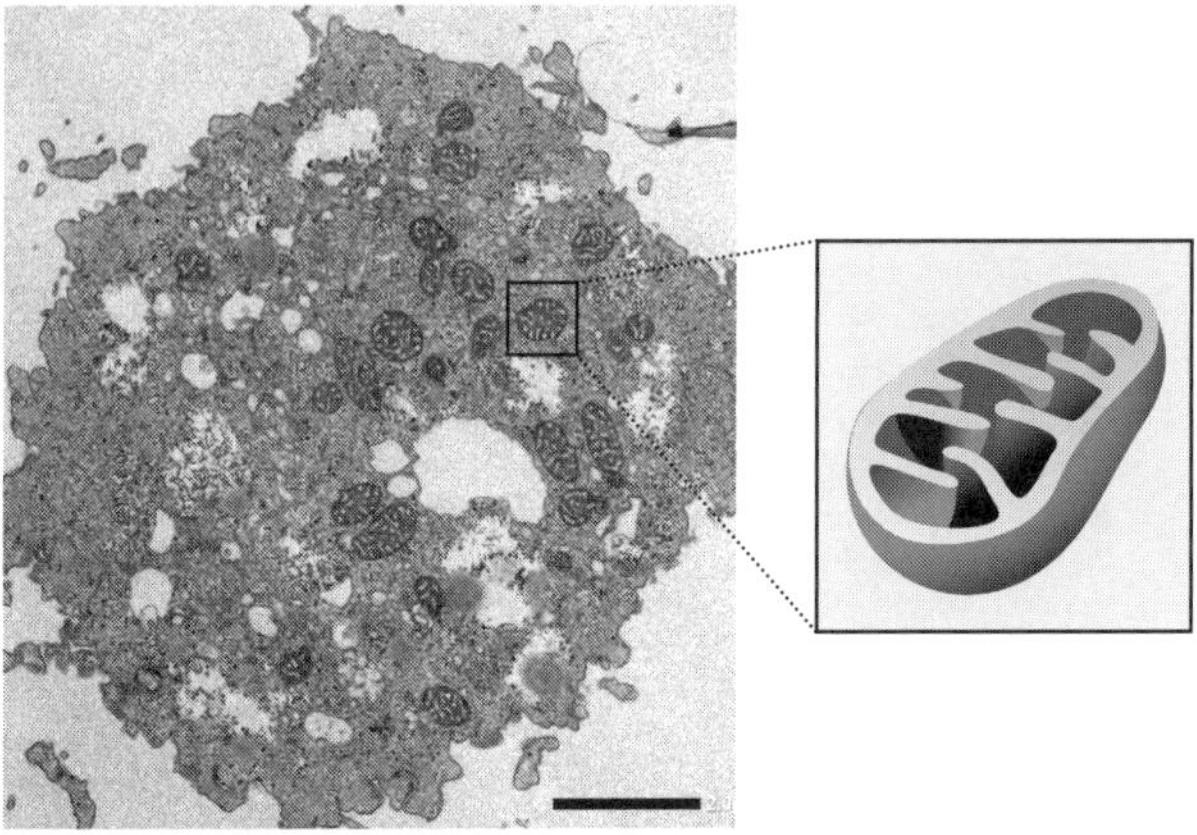

図3-1 アカントアメーバのミトコンドリア
アカントアメーバ*Acanthamoeba castellanii*の透過型電子顕微鏡像に見られるミトコンドリアは、小ぶりな楕円形をした、内部に皺状の構造がある物体として観察される。

のである。

真核細胞の中にはつねに、ミトコンドリアが存在する。細胞内で起こるさまざまな現象に、常日頃から寄り添うように存在している。どんな細胞であっても、それは変わらない。アカントアメーバだけではなく、結核アメーバにもちゃんといるし、ゾウリムシにもいるし、クロレラやクラミドモナスのような緑藻類にも、キノコにもカビにも、植物にも動物にも、そして僕たち人間の細胞にも——。

世の中の真核生物の細胞には例外なく、このミトコンドリアがまったりと巣くい、僕たちが顕微鏡で覗くと、細胞の内部から僕たちを覗き返してくる。

二〇一九年のノーベル生理学・医学賞

は、細胞の低酸素応答に関わる分子メカニズムを解明した三名の科学者たちに贈られた。僕たちの細胞は、活動するのに酸素を必要とする。酸素と有機物を利用してエネルギーをつくり出し、それをすべての活動の糧としているから、もし酸素が少なくなったらなんらかの〝対策〟を講じなければならない。その分子メカニズムを解明したのが、二〇一九年の受賞者たちである。そして、その酸素（と有機物）を利用してエネルギーをつくり出している〝張本人〟こそ、ミトコンドリアなのである。

僕たち真核生物はそもそも、異なる生物どうしが共生しあった結果として、誕生したとされている。その考えが、アメリカの生物学者、リン・マーギュリスによってまとめられたのが、「細胞内共生説」とよばれる学説である。

細胞内共生説とは、すなわち「ミトコンドリアは、ほんまはバクテリアやったんやで」という学説で、それが真核生物の祖先となった細胞（おそらく嫌気性のアーキアの祖先だと考えられている）に共生し（当時はもしかすると、単なる「感染」だったかもしれない）、その結果、「なんやしらん、ミトコンドリアになってもうたがな」というものである。

この学説では、ミトコンドリアだけでなく、植物細胞がもつ光合成器官である「葉緑体」も、二七億年ほど前に地球上に現れ、やがて地球を席捲《せっけん》したと考えられている「シアノバクテリア」が真核生物の祖先の細胞に共生（あるいは感染）し、葉緑体として進化したと考えている。

そうなると当然、そろそろウイルス目線に慣れ親しんできた読者諸賢であれば、こう考えるだろう。——感染、あるいは共生していた生物がミトコンドリアに進化したのなら、すでに感染している、あるいはこれから感染するウイルスたちが今後、なんらかの細胞小器官に進化することもあり得るのではないか、と。

確かに「感染・共生」という意味においては同じだが、ウイルスの場合、細胞の中で殻を脱ぎ捨て、裸の遺伝子になった状態で、宿主のゲノムに入り込んで共生していることが多いため、ミトコンドリアと同じような進化は難しいだろう。ただし、同じウイルスであっても「巨大ウイルス」となると話は異なり、じつはとても面白い話がある。それについては本章の最後で紹介することとして、まずはミトコンドリアの話を続けよう。

ミトコンドリアのはたらき

ミトコンドリアは、外膜と内膜という二重の膜（それぞれが脂質二重層でできている）からなり、一個の細胞に数百個から多い場合には数千個も含まれる細胞小器官だ。

それほどたくさんのミトコンドリアがなぜ、細胞内に存在するのか。細胞を特殊な試薬で光らせて顕微鏡で観察してみると、細胞内に大量の寄生虫がうようよと蠢《うごめ》いているかのようなミトコンドリアの姿を見つけることができる。まさに「糸」のような「顆粒」成分だ。リボソームと同様に、数が多いということは、その役割がきわめて重要だということを示しているといえよう。

ミトコンドリアは、細胞内で「好気呼吸」を司る細胞小器官である。グルコースが細胞質で解糖系によって分解されてできるピルビン酸と、僕たちが体外から呼吸によって取り入れた酸素を利用して、エネルギー物質であるATP（アデノシン三リン酸）をつくり出している。そして、その副産物として二酸化炭素をつくっている。つくられた二酸化炭素は、僕たちが呼吸によって体外に排出する。

僕たちの細胞は、ミトコンドリアが生産するATPを使うことによって、日々の活動をおこなうことができる。ミトコンドリアの機能が一瞬でも止まると細胞は死んでしまうというくらい、酸素を利用して生きる僕たち真核生物にとって、ミトコンドリアは重要な存在なのである。

ミトコンドリアとATP――生命が「酸素を使う」とはどういうことか

ATP、すなわちアデノシン三リン酸は、RNAの材料ともなる重要な物質で、リボースという糖に、アデニンという塩基と、三つが直列につながったリン酸が結合した形をしている。

この直列につながった三つのリン酸のうち、リボースから最も遠いリン酸（γ位のリン酸）

と、その手前のリン酸（β位のリン酸）とのあいだの結合が「高エネルギーリン酸結合」とよばれており、この結合を加水分解することによって、一モルのATPあたり七キロカロリーものエネルギーが生じる。

言い換えると、ATPのγ位のリン酸基は、何かのきっかけがありさえすれば、ATP本体から「離れたい離れたい」とつねに思っている状態にある。そこに、はたらくのにATPを必要とするようなタンパク質がやってくると、これ幸いとばかりにγ位のリン酸基が、そのタンパク質の表面にポイッと結合する。

このとき、ATPはADP（アデノシン二リン酸）に変化するのと同時に、「離れたい離れたい」と思っていたその〝思い〟が、七キロカロリー／一モルATPの形で放出される。そのエネルギーが、リン酸がくっついたタンパク質の機能として具現化される、と考えていただければわかりやすい（図3－2）。

その重要な物質、ATPをつくる細胞小器官が、ミトコンドリアなのだ。ミトコンドリアの内膜には、ATPを大量につくるためのしかけである「呼吸鎖」とよばれる酵素群（「電子伝達系」の名で知られる）が存在している。グルコースの分解によってできたピルビン酸が細胞質からミトコンドリアに入り込むと、そこでアセチルCoAという物質になる。アセチルCoAが、ミトコンドリアのマトリクスとよばれる実質部分で「クエン酸回路」とよばれる反応経路に入る

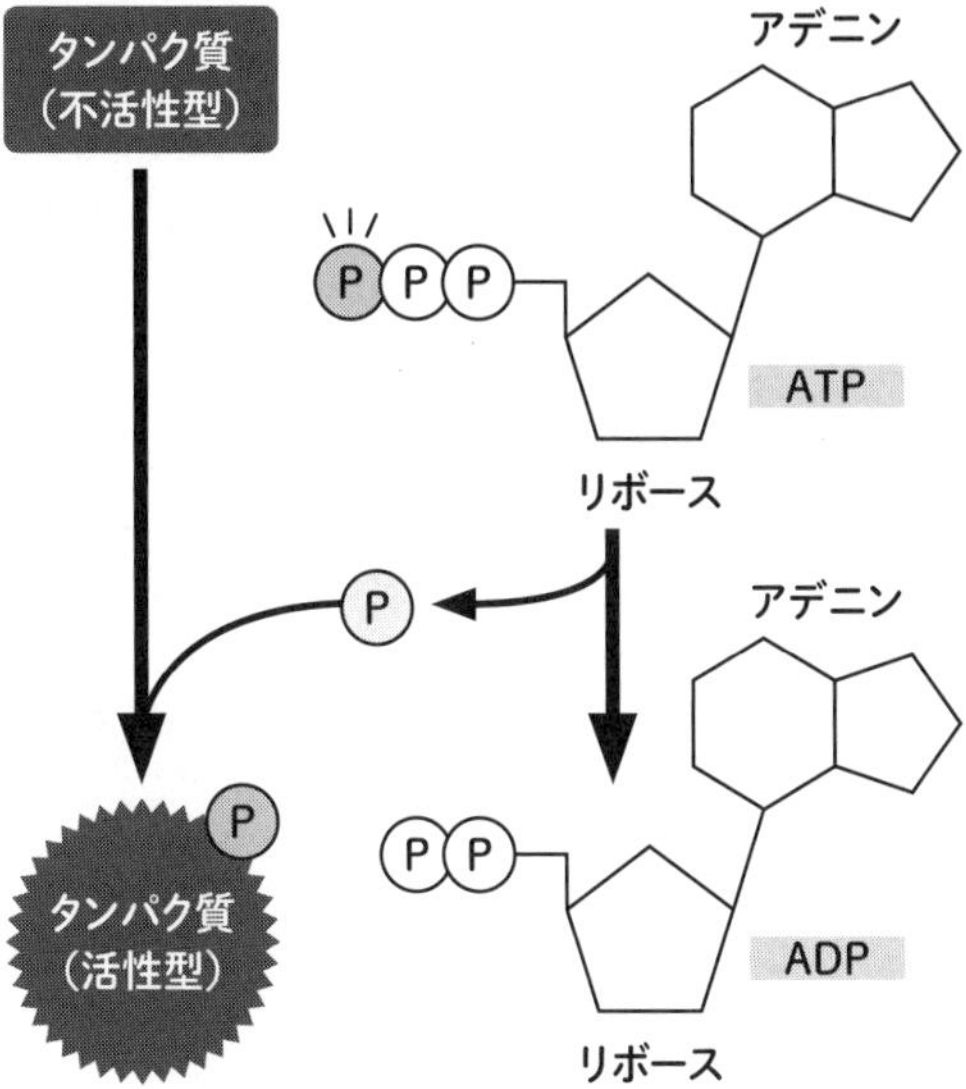

図3-2 ATPとそのエネルギーの使い道
高エネルギーをもつATPの最も端っこのリン酸がとれ、ATPがADPに変化する際に、7kcal/molのエネルギーが生じる。そのエネルギーの使い道の一例は、とれたリン酸を不活性型タンパク質に結合させ（リン酸化）、活性型に変えることである

と、そこで「NADH」（還元型補酵素とよばれる）という物質が大量につくられる。これはいわば、「NAD+」（酸化型補酵素とよばれる）に電子とプロトン（水素イオン：H^+）が〝一時的に預けられたもの〟である。

NAD+に〝一時的に預けられた〟電子は、ミトコンドリア内膜の電子伝達系に入り、呼吸鎖を構成する酵素群をすり抜けていく。その電子伝達系の〝通り道〟にある、水素イオン

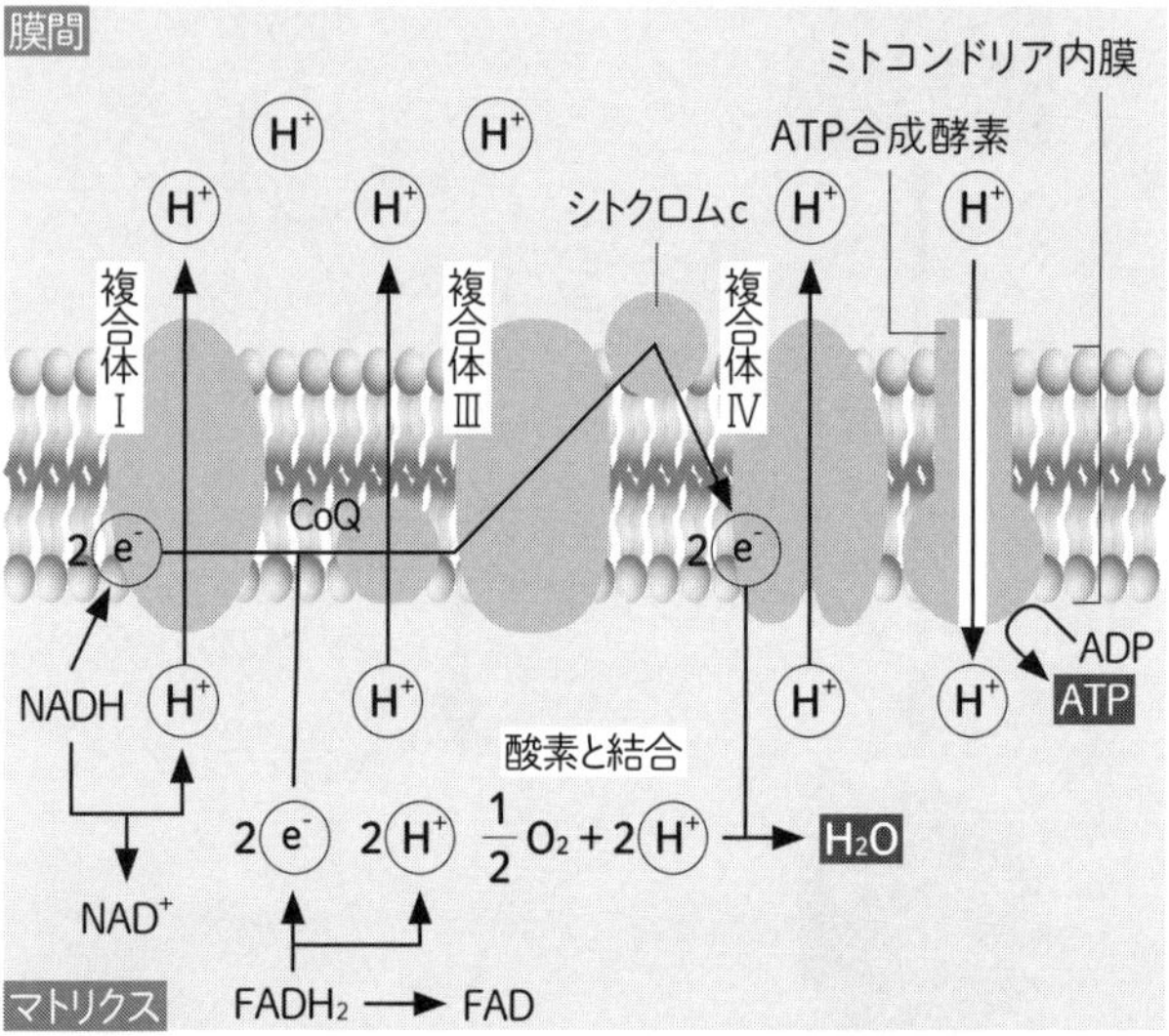

図3-3 電子伝達系
ミトコンドリアの内膜に埋め込まれた呼吸鎖は、複合体Ⅰ、複合体Ⅲなどのタンパク質複合体からなり、そのあいだを電子が伝達されていく。その過程で生じたプロトンの濃度勾配により、ATPが合成される。伝達された電子は、プロトンとともに「受け皿」となる酸素と結合し、水分子となる

（プロトン）を膜の内外へと通り抜けさせる「プロトンポンプ」というタンパク質の複合体が、電子がその中をすり抜けることで活性化し、内膜の内側（マトリクス）に大量にたまっていたプロトンが内膜と外膜のあいだの空間に放り込まれていく。

すると、濃度勾配にしたがって、プロトンが内膜を通り抜けようとする圧力が生じ、内膜のところどころに存在するＡＴＰ合成酵素の中をプロトンが通る際に、ＡＴＰ合成酵素がはたらき、ＡＤＰを材

料にしてATPが合成されることになる。

電子伝達系をすり抜けた電子は、最終的に「酸素」に受け渡され、濃度勾配をつくり出してたまっていたプロトンとも結合して、最後に「水」となる。つまり、僕たち好気性生物が「酸素を使う」というのは、酸素から何かをつくり出すというよりも、「電子の受け皿として酸素を使う」ということである（図3－3）。

好気性と嫌気性——酸素との付き合い方

このようなはたらきをもつミトコンドリアが、現在の僕たちの細胞には無数に存在しているが、かつての細胞はそもそも、ミトコンドリアをもっていなかったはずである。それでは、僕たちの祖先はどのようにしてエネルギー、すなわちATPを得ていたのだろうか。

真核細胞の祖先となったのは、「嫌気性」のアーキアの祖先であると考えられている。ひと口にアーキアといっても非常に多様なのだが、なかでも特に、最近になって真核細胞の祖先に最も近かったと考えられているのが「Asgard」とよばれるアーキアのグループである。二〇一五年に北大西洋で採取された「ロキ・アーキオータ」をはじめ、いくつかの系統が知られている。

最近、そのうちの一つの培養に日本の研究者が成功したとして（それまでのAsgardアーキアは培養に成功していなかった）、科学誌『サイエンス』によって二〇一九年の一〇大ニュースにも取り上げられ、またその論文が二〇二〇年一月に科学誌『ネイチャー』に発表されたのは記憶に新しいところだ。このアーキアは、まるで数本の触手を伸ばしたヒドラのような形をしており、これがミトコンドリアの祖先にあたると考えられている好気性バクテリアを、搦《から》め捕るようにして共生させたのではないか、と研究者は考察している。

こうしたアーキアは「嫌気性」とよばれてはいるが、すべての嫌気性生物が「空気が嫌い」とか「酸素が嫌い」ということでは決してなく、「あえて酸素を使わない」というスタンスをとっている生物もいる。そのような生物は、酸素が存在する環境下では酸素を使って好気呼吸をする（こうした生物を「通性嫌気性生物」という）。

もっとも、酸素はきわめて毒性の強い物質でもあるから、嫌う理由としては十分である。実際に、「偏性嫌気性生物」のように、酸素にさらされると死んでしまう生物もいる。

さて、嫌気性生物たちは酸素を使わないが、使わないなりにきちんとエネルギーを得ている。たとえば、のちに述べる「メタン生成アーキア」などは、エネルギーを得るのに酸素ではなく「水素」を使っていたりする。また、多くの嫌気性生物は「発酵」というメカニズムによってエネルギーを得ており、その結果、エタノールを生成するものをアルコール発酵、乳酸を生成するものを乳酸発酵などとよんでいる。

じつは、僕たち真核生物の細胞にも、「嫌気性」のエネルギー産生メカニズムが存在している。それが「解糖」というしくみで、栄養源として取り入れたグルコースを分解し、ピルビン酸を合成する。この過程では、「解糖系」とよばれる複数回の酵素反応を経るが、そのすべてが真核細胞の細胞質でおこなわれ、酸素をまったく必要としない。にもかかわらず、エネルギー物質であるATPが四分子つくられるのである（ただし、この過程の進行に二分子のATPが必要となるので、差し引き二分子のATPが生じる計算になる）。

しかし、一分子のグルコースから得られるATPがたったの二分子では、やはり少なかったのだろう。なにしろ、ミトコンドリアでの好気的なエネルギー生産過程では、三六分子ものATPがつくられるのだから。

そう考えると、嫌気性だったアーキアの祖先にミトコンドリアの祖先である好気性バクテリアが入り込んだのは、エネルギー生産の観点からはじつに画期的な出来事だったことがわかる。ミトコンドリアがドヤ顔しながら、「なめんなや！」と吼《ほ》えている姿が目に浮かぶようだ。

ミトコンドリアがもつ「かつての生物」としての矜持

ミトコンドリアが、「もともとは自分も生物やったんや！　なめたらあかんでホンマに」と吼えているのは、ATPの多くをつくり出しているから、というだけにとどまらない。じつは彼らが、生物だった当時の名残《なごり》をまだとどめているからでもある。

ミトコンドリアは元来、好気性バクテリアだったのだから、その頃は当然、ふつうに細胞分裂によって増えていたはずである。その名残が、今のミトコンドリアにも残っていて、じつは彼らは、細胞の中できちんと二分裂して増えることができるのである。もともとバクテリアだったことを示す分子的な証拠として、ミトコンドリアには細胞核のDNAとは別に、独自のDNA（ミトコンドリアDNAとよぶ）と、さらには独自のリボソームがあるということも、二分裂して増えるミトコンドリアの性質に拍車をかけている。

ただし、ミトコンドリアDNAは、彼らが生物だった当時のDNAに比べて、はるかに小さくなっている（種によっては、大きなゲノムサイズをもつミトコンドリアもいるらしい）。その理由は、共生進化の過程において、多くの遺伝子が細胞核へと移動したからだと考えられている。

細胞核に移動した遺伝子のなかには、ミトコンドリアの分裂に必須のものも含まれており、有名なところでは、ミトコンドリアDNAを複製する酵素であるDNAポリメラーゼγ遺伝子などが、ミトコンドリアにとっての宿主、すなわち〝本体〟である細胞核のゲノムに存在する。

これらのミトコンドリア遺伝子が、いったいどのようにして細胞核へと移動したのかは、よくわかっていない。共生していたミトコンドリアがあるとき、なんらかの理由で溶解し、そのゲノ

ムが宿主の細胞質に放出されて、宿主のゲノムと混ぜ合わされた後に細胞核が進化した、というシナリオも考えられよう。もちろん、証明はされていないが。

食べられたのに生き残った？
――ミトコンドリアの数奇な運命

二〇一九年の末になって、筑波大学の研究グループが、科学誌『ネイチャー・コミュニケーションズ』に面白い微生物を発見したとする論文を発表した。この微生物は、「プランクトミケス」とよばれるバクテリアの仲間である。バクテリアといえば原核生物であり、硬い細胞壁に囲まれているから、真核生物のように食作用をもたないはずであった（第1章参照）。

しかし、驚くべきことに、このプランクトミケスの仲間である微生物の一つには食作用が備わっていて、自分より体の小さな別のバクテリアを「喰《く》ってしまう」ことがわかったのである。「大きな魚は小さな魚を食う」と題したブリューゲルの有名な絵があるが、まさにあの絵の巨大魚のようなふるまいを、このバクテリアはするというのだ。

採集されたのがパラオ共和国の海であったことから、このバクテリアはパラオ神話に出てくる巨人の名にちなみ、「ウアブ（*Candidatus* Uab amorphum）」と名づけられた。食べられたバクテリアは、かわいそうにウアブ細胞内の〝食胞〟に取り込まれ、消化されてしまうという。消化される前にスターゲートを開いてゲノムを放出するというようなミミウイルスみたいな芸当は、残念ながらウアブに食べられるバクテリアにはできないようだった。

もしかしたら、初期のミトコンドリア、いやミトコンドリアの祖先となった好気性バクテリアもまた、当時の真核生物（の祖先）に、同じようなやり方で食べられていたのかもしれない。しかしやがて、なんらかの耐性機構を獲得して、それまでは食べられて消化されていたものが、消化されずに細胞内部で息づくようになって、やがてミトコンドリアになっていった、とは考えられないだろうか。

真核生物の祖先となったと考えられている微生物は、ウアブのようなバクテリアではなくアーキアであると考えられており、系統が異なるため、現在に生きるウアブの食作用がそのまま太古の真核生物の起源と関係があるとは思えないが、その謎を解くカギの一つにはなると考えられる。

ミトコンドリアの遠い親戚――細胞内で生き続けるもう一つのバクテリア

寄生するものといわれてぱっと思い浮かぶのは、ヤドリギやラフレシア、サナダムシなど、僕たちの目で見えるサイズの生物が多いかもしれない。しかし、寄生生物たちのほとんどは目に見えないものたちであって、今も昔も細菌やウイルスである。

食べられたバクテリアが生き残り、今でもバクテリアとして、その食べられた細胞の内部に寄生している実例が、ミトコンドリア以外にもじつはある。「リケッチア」というバクテリアである。リケッチアは、寄生した細胞の中でしか生きることができない生物で、「偏性細胞内寄生細菌」とよばれる生物の一つであり、ヒトに対して発疹チフスという病気を引き起こすことが知られている。

発疹チフスの原因となるのは発疹チフスリケッチアで、シラミの消化管の細胞で増殖し、排泄《はいせつ》された糞《ふん》がシラミのたかったヒトの皮膚について、その箇所をヒトが掻《か》くことで、傷口からリケッチアが体内に入り込む。一方、ツツガムシ病の原因とされるツツガムシ病リケッチアは、ツツガムシの親から子へと垂直感染するリケッチアで、ツツガムシの全身の細胞に寄生している。

ミトコンドリアの祖先となったバクテリアは、遺伝子の分子系統樹解析などから「αプロテオバクテリア」とよばれる好気性バクテリアの一種であることがわかっていたが、一九九八年に科学誌『ネイチャー』に発表された論文で、リケッチアの一種をゲノム解析した結果、ミトコンドリアとの共通性が非常に高いことから、ミトコンドリアの祖先だったのはこのリケッチアの一種であることが明らかとなった。もちろん、リケッチアはαプロテオバクテリアに含まれるバクテリアである。

寄生と共生はどう違うか――そして感染は？

細胞内共生説における好気性バクテリアのミトコンドリアへの進化も、「共生」とはいいつつも、最初はおそらく「寄生」からはじまったのだろう。共生というのは、相互作用する二種の生物が、ともに利益を得るような状態を指す。一方において寄生とは、二種の生物間で起こる相互作用のうち、一方が利益を得て、もう一方はなんらかの犠牲を被《こうむ》るような相互作用を指す言葉だから、ウイルスによる細胞への感染も、寄生の一つであり、新型コロナウイルスとヒトとの関係は、まさに「寄生者」と「犠牲者」の関係であるといえる。

なお、「感染」という言葉は、医学用語であると同時に、今や一般用語にもなっている。医学用語としての感染の意味は、病原体が体内に侵入し、そこで増殖した結果、その生体になんらかの病的変化をもたらすことである。ただし、病的変化＝発病というわけではなく、発病しないいわゆる「不顕性感染」という形態もある。ここのところが、僕たち素人には難しいところである。そして、単にウイルスが細胞の中に侵入することを「感染」という言葉で表現する場合も多々ある。

だから「寄生」と「感染」の違いを言い表すと、寄生あるいは共生という状態は、医学用語としての「感染」が意味する現象が長く継続し、お互いに一緒にいることに慣れてしまった頃に成立するものであるといえよう。

一方において、寄生と共生の両者は、進化的にも密接につながった存在であるために、境界線がはっきりしていないところもある。寄生にしても、ほんとうに一方だけが利益を得て、もう一方は犠牲に甘んじてまったく利益を受け取っていないのかなんて、第三者である僕たちにわかってたまるか。共生もしかりで、ほんとうに両者が〝納得ずく〟で関係を構築しているかどうかなんてわかったもんじゃない——。生物界の真実は、なかなか僕たちの前には現れてこないのである。

現時点でいえることは、いつそのような関係になったのかはわからないが、ミトコンドリアとリケッチアの共通祖先が真核生物の祖先に単に食べられ、そして一時的な「感染」が成立していた状態から脱け出し、「寄生」に舵《かじ》を切ったことがきっかけとなって、これもどのようなメカニズムなのかは不明だが、寄生状態が定常化して、やがて「共生」関係へと発展したという、ただその推測のみである。

細胞とはいったいなんなのか——あらためて感じる疑問

かつて独立したバクテリアであったミトコンドリアは今や、僕たち真核生物の細胞内にいる「細胞小器官」にすぎなくなっている。それに対して、おそらくはミトコンドリアと祖先を同じくするリケッチアは、グラム陰性細菌として一応は独立した生物であると見なされているが、宿主の細胞の中でしか生きることができない「偏性細胞内寄生細菌」という立場にある。一方は細胞の単なる一部で、もう一方は細胞そのもの。いったい細胞とはなんなのだろうか。

リケッチア以外で偏性細胞内寄生細菌として知られているものに、「クラミジア」という細菌がいる。クラミジアは、リケッチアと同じくグラム陰性細菌に属し、結膜炎の一つである「トラコーマ」の病原体として知られているほか、性器クラミジア感染症や鼠径《そけい》リンパ肉芽腫《にくがしゅ》、肺炎やオウム病などの病原体としても知られている。

クラミジアも、基本的には宿主の細胞の中でないと増殖することができないが、じつは彼らには、通常の形態とは異なる「基本小体」という形態をとる時期があることが知られている。じつはこの形態が、クラミジアにとって宿主に「感染する」ことができる唯一の形態となっており、これが宿主の細胞に感染する際にエンドサイトーシスによって細胞内に入り込み、その中で「網様体」とよばれる、いわゆるクラミジアの通常形態に戻って、そこで二分裂によって次々に増殖する。そして、細胞内で大量に増殖した網様体が凝縮して基本小体となり、細胞を蹴破って外に飛び出すのである。生活環だけから見ると、クラミジアのそれは、ウイルスのそれとほんとうに瓜《うり》二つである（図3-4）。

独立して生きることができるのが、「細胞」の基本的な性質であったはずだ。だが、こうしてリボソームを自前でもつにもかかわらず、独立して生きることのない「細胞」たちの世界を見ると、「いったい細胞とはなんなのか」という疑問が、あらためて頭をもたげてくる。

なにしろ、クラミジアとウイルスの違いは、宿主の細胞中における増殖の仕方だけなのだ。前者は二分裂によって増え、後者は宿主のリボソームを拝借して、指数的に増殖する——ただそれだけの違いなのである。そして、二分裂は複雑な過程だから、クラミジアは自ら代謝システムをもっているのであって、宿主のものを使えばいいウイルスは自ら代謝システムをもつ必要がなかったというにすぎない。

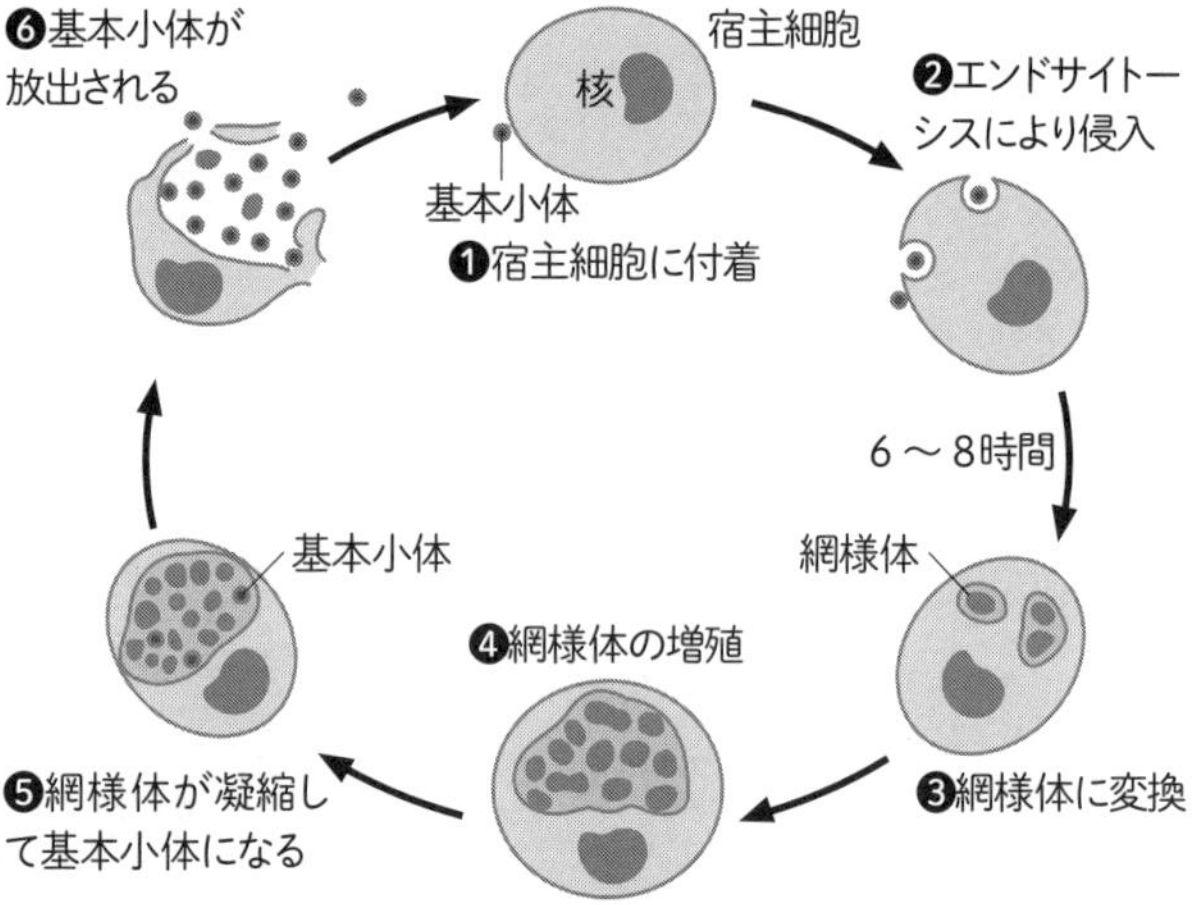

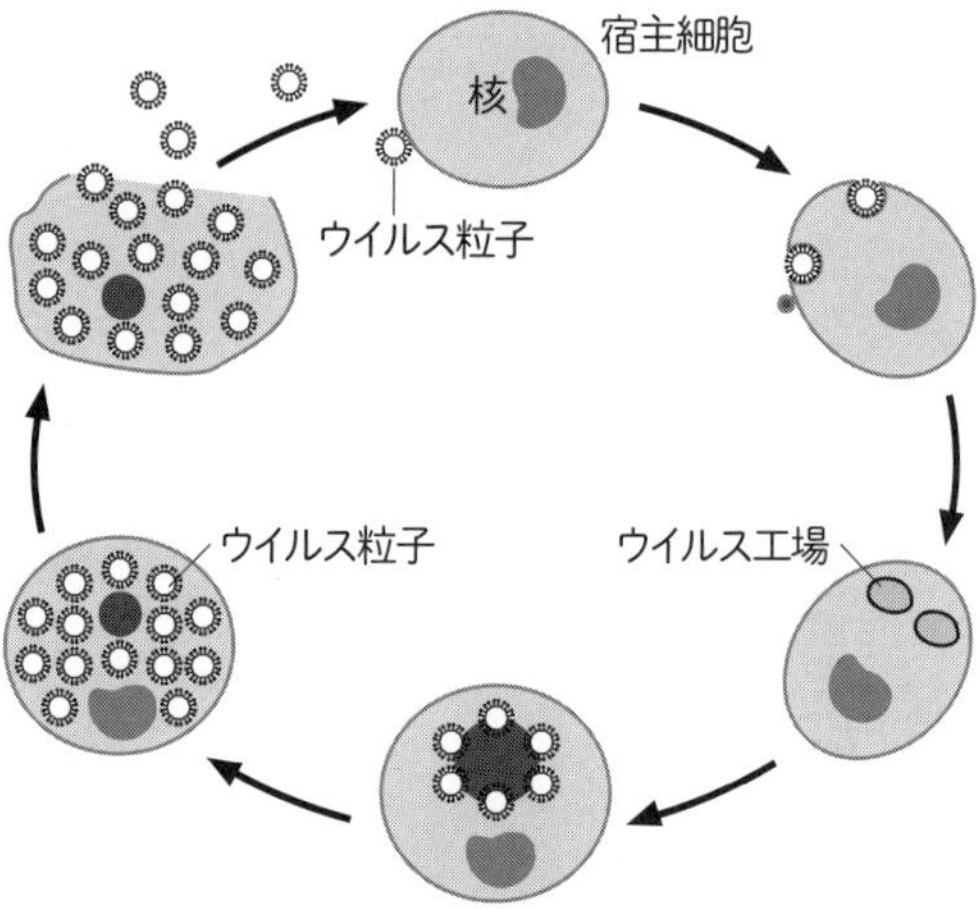

図3-4 クラミジア（上）とウイルスの生活環
クラミジアには「基本小体」とよばれる時期があり、これが宿主への感染の際にとる形態である。このように概観すると、クラミジアの生活環はウイルスの生活環にそっくりである。なお、この図のウイルスの生活環は、ミミウイルスの例である

果たして、細胞とはなんなのか。

見方、考え方の違いだといわれればそれまでである。しかし、細胞にもいろいろな形態があるということを知るのは、この世界の生命の成り立ちについてより深く考えるためにも必要なのではないかと思うのだ。偏性細胞内寄生細菌は、そのきっかけを与えてくれる、きわめて興味深い存在なのである。

細胞と共生するメリット——ミトコンドリアは何を得たのか

ミトコンドリアに話を戻そう。

具体的にどのような「共生」関係が、ミトコンドリアとその宿主、つまり、僕たちの祖先となった細胞とのあいだで成立したのだろう。

二〇億年前に地球上に生きていたミトコンドリアの祖先のバクテリアは好気性で、その当時、シアノバクテリアが大量に生み出した酸素を利用して、ＡＴＰをたくさんつくることができたと考えられている。これに対し、その宿主となった僕たち真核生物の祖先の細胞（おそらくはアーキアの仲間）は嫌気性で、それほど多くのＡＴＰをつくれなかったとしたら（解糖というシステムだけを使ってごく微量のＡＴＰをつくっていたとしたら）、ミトコンドリアの祖先の寄生は、当のアーキア（真核生物の祖先）にとっては大きなチャンスとなったはずである。

自身の体内に、酸素を利用してATPをつくってくれる細胞が入り込んでくれたおかげで、それまで「僕、ほんまは酸素イヤやねん」といってうずくまっていた状態から、「ほんまはイヤやねんけど、酸素ってえらい使い勝手がええやんけ」という状態になって、パアッと外界に飛び出して羽ばたくだけのエネルギーが得られたのだろう。少なくとも結果的にそうなって、僕たちの祖先であった嫌気性アーキアは、好気性の真核生物へと変貌することができたのである。

しかしそれは、あくまでも宿主、すなわちアーキア側のメリットだ。細胞内部に入り込んできた寄生者たるミトコンドリアの祖先にとっては、どのようなメリットがあったのか。アーキア側から「あいつ、入り込んできやがった。まあええわ、ATPさえつくってくれるんやったら消化せんといてやるわ」という〝温情〟だけをもらって生きる。……そんなわけにはいかないのが、生物の世界である。

一九九八年に科学誌『ネイチャー』に発表された「水素仮説」とよばれる仮説は、両者の共生関係を次のように説明する。

真核生物のなかには、ミトコンドリアの代わりに「ヒドロゲノソーム」という細胞小器官をもち、それでエネルギーを生産しているものがいる。この細胞小器官は、その名前（hydro-）からわかるように、エネルギーをつくり出すのと同時に、排出物として「水素」と二酸化炭素を放出

する。そして、トリコモナスという生物から見つかったこの細胞小器官が、ミトコンドリアから進化したものであることが一九九六年に示されていた。

そこで、ドイツの生物学者ウィリアム・マーティンと、アメリカの生物学者マクロス・ミュラーは、このヒドロゲノソーム（とミトコンドリア）の祖先となったバクテリアが、水素と二酸化炭素を利用してエネルギーと有機物、そしてメタンを合成する「メタン生成アーキア」に共生することで、ミトコンドリアへの進化がはじまったと考えたのである。これを「水素仮説（hydrogen hypothesis）」と名づけて発表したのが、一九九八年であった。

つまり、ヒドロゲノソーム（とミトコンドリア、そしてリケッチア）の祖先となったバクテリアが放出する水素と二酸化炭素をメタン生成アーキア（僕たちの祖先、とこのときは考えられていた）が利用し、メタン生成アーキアがつくり出す有機物をバクテリア（ミトコンドリアの祖先）が利用する、という相互依存的な構図である。これこそまさに、「おおきに、ありがとう」「お互いさまやんか」という、どちらにもメリットがある「共生」関係である。

現在は、僕たち真核生物の祖先となったアーキアはメタン生成をしないものであると考えられるようになっているが（133ページ参照）、当初の寄生関係がやがて共生関係へと進展し、僕たち真核生物が、地球上にふんだんに存在する酸素を利用してエネルギーをつくり出すことができるミトコンドリアを、まんまと手に入れたというのは変わらない。

ミトコンドリアに感染するウイルス

さて、ウイルス目線に戻ろう。現在のところ、ミトコンドリアに感染するウイルスとして知られているのは、「ミトウイルス」というウイルスのみである。

面白いことに、ミトウイルスには、ふつうのウイルスにあるような「粒子」、すなわちカプシド構造が存在しない。すなわち、ミトウイルスの本体は「単なるＲＮＡ」なのである。唯一の〝所持品〟は、ＲＮＡに付随している自らを複製する酵素、ＲＮＡポリメラーゼだけである。ゲノムそのものがウイルスであるという事実は、ウイルスの存在様式がいかに多様であるかを思い知る好例であろう。

ミトウイルスは、菌類の細胞のミトコンドリアに感染（というか共生）していることが知られているが、そもそものミトウイルスがどこから来たのか、どうやって菌類の細胞に侵入し、さらにはミトコンドリアの内部にまで侵入したのか、その経路はじつは不明である。もしかしたら、大昔から菌類の細胞（のミトコンドリア）と共生してきたのかもしれないが、その来歴を探ることは容易ではない。なにしろ、気づいたらそこにいたのだから。

来歴を知ることが難しいのは、このウイルスにはカプシド構造がなく、ゲノムRNAにRNAポリメラーゼが一つ結合しただけのきわめて単純な形をしているため、通常のウイルスのように実験室で宿主から分離して、それを別の宿主に感染させるといった実験ができないからである。

ミトコンドリアは元気なほうがいいのか、それとも？

巨大ウイルスも含め、現時点ではミトウイルス以外に、ミトコンドリアに感染するウイルスは知られていない。いったいなぜ、ミトコンドリアに感染するウイルスが他に見つかっていないのか、少し考えてみよう。

何度も指摘しているように、ミトコンドリアは元バクテリアであり、ＤＮＡのみならずリボソームをも独自にもっている。したがって、ウイルスがミトコンドリアに感染したら、そしてミトコンドリアにウイルスを〝食客〟として迎えられるほどの機能があるとすれば、その中でウイルスがきちんと複製できるはずだ。実際、バクテリアには「バクテリオファージ」というウイルスが感染することが知られている。

　しかし、現実問題としてミトコンドリアは、真核細胞の細胞膜という大きな壁で覆われた、その内部に生息しているから、バクテリオファージがバクテリアに感染するようにはいかない。

　もし「ミトコンドリアファージ」なるものがいたとしても、ミトコンドリアにたどり着く前に細胞膜を突破する必要がある。おそらくエンドサイトーシスによって取り込まれたそのファージは、ミミウイルスのスターゲート構造のようななんらかのしくみを構築して（もちろん構築しなくてもいいが）、自らのＤＮＡを細胞質に注入することをしないかぎり、エンドソーム内で消化されてしまうだろう。よしんばそのようなしくみを構築し、ＤＮＡを細胞質に放出できたとしても、裸のＤＮＡをそのままミトコンドリア内に侵入させるには、なんらかの別のしくみを要するはずだ。

　たとえば、次章で紹介するフラビウイルスや新型コロナウイルスが小胞体でウイルス工場をつくり上げるのに似たしくみで、ミトコンドリア内にウイルス工場をつくるという方策は考えられなくもないが、果たしてそうまでして、ミトコンドリア内に入り込む意義があるのかどうか。そういうウイルスが今まで見つかっていないということは、わざわざそうする意義が、ウイルス側にも存在しないのではないかと思われる。

一方、ミトコンドリアが、巨大ウイルスのウイルス工場の周囲に集まってくるというのは、ときどき見られる現象である。どうやら巨大ウイルスの増殖には、ミトコンドリアのはたらきが必要らしい。巨大ウイルスの大きさはミトコンドリアの数分の一程度だから、巨大ウイルス自体がミトコンドリアに感染することはまずないと考えられ、いったいなんのためにミトコンドリアがウイルス工場の周囲に集まってくるのか、興味あるところである（次項でその一端を紹介する）。

そもそも、ウイルスがミトコンドリアに感染するかどうかを考えるためには、ウイルスがミトコンドリアに感染する「メリット」があるかどうか、を考えなければなるまい。メリットがあるとしたら、ミトコンドリアの機能を失わせ、宿主を死に至らしめることが当のウイルスにとってなんらかの有益性をもたらす場合である。しかし、宿主が死ねば、ウイルスもその増殖の場を失うことになるわけだから、それほどメリットがあるようには思えない。

ウイルスにとってミトコンドリアとは、それがあれば宿主細胞が元気を保てるから、ウイルス自身のタンパク質を宿主に思う存分つくってもらえる。したがってむしろ「元気でいてほしい」細胞小器官なのではないかと僕は思う。それは、ふつうのウイルスであっても、巨大ウイルスであっても同様である。

しかし、こういう例もある。インフルエンザウイルスが感染すると、インフルエンザウイルスのタンパク質が宿主細胞のミトコンドリアに入り込み、その機能を低下させることが知られている。じつはミトコンドリアには、ATP産生という主要な役割以外にも、ウイルス（特にRNAウイルス）が細胞内に侵入してきたことを感知して、自然免疫に必要なインターフェロンなどの免疫物質を細胞に生産させる役割があることが、近年わかってきている。

おそらくインフルエンザウイルスとしては、ミトコンドリアの機能を低下させることで、ミトコンドリアによって誘発される自然免疫を抑え込む目論見《もくろみ》があるのではないかと考えられる。となると、一般的なウイルスにとってみても、じつはミトコンドリアが「完璧に元気」ではないほうがよいのかもしれないという側面も出てくるわけだから、非常にややこしい。

ウイルスにとって、宿主のミトコンドリアはいったいどういう存在なのだろう。路傍の石のように無視してよいものなのか、積極的に元気でいてほしい存在なのか、それとも目の上のたんこぶだから積極的に機能を低下させる必要があるものなのか。その謎の解明にはほど遠い。

その代わりといってはなんだが、本章を締めくくるにあたり、ミトコンドリアと巨大ウイルスの、ある意外な関係について紹介しておこう。もしかしたら、ウイルス感染におけるミトコンドリアの存在意義を解くカギになるかもしれない、と願いつつ。

ミトコンドリアと巨大ウイルスの意外な関係

巨大ウイルスとミトコンドリアに、ちょいとしたつながりがあるという、いくつかの先行研究がある。

面白いのは、ミミウイルスがもっているある種の膜タンパク質の遺伝子が、じつは宿主であるアカントアメーバがもつミトコンドリアの内膜をターゲットとしていて、ミミウイルス遺伝子が宿主細胞内で発現すると、できたミミウイルスの膜タンパク質が宿主ミトコンドリアの内膜に埋め込まれるという報告である。このタンパク質は、「ヌクレオチド・トランスロケーター」とよばれる膜タンパク質で、DNAの材料であるヌクレオチドを通過させるはたらきをもつ。

つまりミミウイルスは、このタンパク質を宿主のミトコンドリア内膜に差し込むことで、ミトコンドリアのマトリクスに大量に存在するヌクレオチドをウイルス工場へと呼び込み、自らのDNA複製の材料にしているのではないか、と考えられているのである。実際、先ほど述べたようにミミウイルスのウイルス工場の周囲に——そして、時にはそのウイルス工場の中に入り込むように、ミトコンドリアが呼び寄せられることがわかっている。

他にもある。前章で、ミミウイルス科の巨大ウイルスのゲノム中に、宿主の18S rRNAの遺伝子の一部が存在するという話をしたが、じつはミミウイルスのゲノムには、宿主のミトコンドリアのrRNA遺伝子の一部も、痕跡のように残されていることが示されているとか、転写されたRNAのプロセッシングの方法が、ミミウイルスとミトコンドリアでよく似ているとか、ミミウイルスとミトコンドリアの両者に類似する複数の点が存在することが報告されているのである。

巨大ウイルスとミトコンドリアという、一見するとあまり関係がないように見える二つの「物体」（両者とも生物ではないからこう表現する。正確には、ミトコンドリアは元生物だが）に、いったいなぜ、わずかとはいえつながりが存在するのだろう。

いとこどうし⁉

イスラエルのハーブ・セリグマン博士は、リケッチアとミトコンドリア、ミミウイルスに見られるこうした共通性から、これら三者は、いずれも共通祖先から進化した存在であるとする仮説を提唱し、その共通祖先は、リケッチアに似た細菌の芽胞のような状態にあったのではないか、と推測している（図3-5）。上述したさまざまな分子情報のみならず、細菌の芽胞が、硬い殻に包まれた非常に安定な粒子で、そこから栄養体が生じる方法、つまり「出芽」が、ミミウイルス工場からミミウイルス粒子が生じるシーンを彷彿《ほうふつ》させる、というのも理由の一つである。

　じつは僕のラボでも、巨大ウイルスとミトコンドリアの関係を示唆するデータを得ている。二〇一九年、ミミウイルスの複製メカニズムをそのゲノム組成から推測したところ、ミミウイルスの複製開始点の近くに複製開始に関わる塩基配列「CGGC」がひんぱんに存在するという特徴があり、それがミトコンドリアやリケッチアの特徴と一致することがわかったのである。

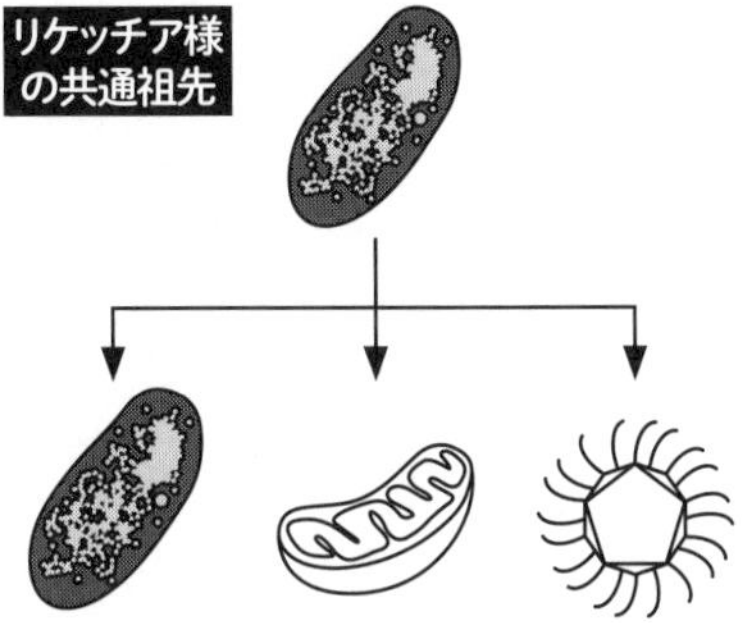

図3-5 ミミウイルスとミトコンドリアはいとこどうし? リケッチアの祖先にあたるバクテリアを共通祖先として、現在のリケッチア、ミトコンドリア、そしてミミウイルスが進化した可能性がある

　このことは、真核生物が進化する過程において、ミミウイルスが、ミトコンドリア（の祖先）がもっていた複製システムをそのまま保存していることを示唆するものであり、セリグマンの推測とも一致する。

　もちろんこれは、現在のミトコンドリアとリケッチア、そしてミミウイルスのゲノムデータから推測された仮説にすぎないが、「火のないところに煙は立たぬ」という言葉があるように、生物やウイルスがもっている遺伝情報に、これまで彼らがたどってきた「進化」という名の車の〝轍《わだち》〟が残っているのはまぎれもない事実だ。

ミミウイルスとミトコンドリアが、じつはいとこどうしかもしれないなんて、こんなにミステリアスで面白い話はない。両方とも「ミ」ではじまる名前だからなんて理由はまずあり得ないが、状況証拠を積み重ねて、「身のある」話に昇華させたいものである。

第4章

細胞内膜系

——ウイルスに悪用される輸送システム

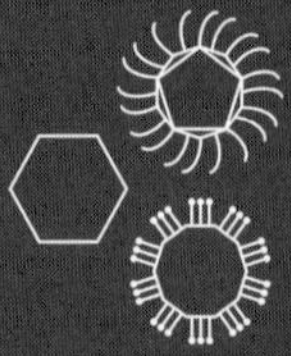

endomembrane system

窓の上から下まで、遮光のカーテンやレースのカーテンがかかっている家は数知れない。そのカーテンにくるまって遊んでいて、そのまま倒れてカーテンレールを壊してしまった経験は、おそらく多くの人たちに共通しているものだろう。

夜道を歩いていると突然、前に進めなくなってしまう怪異が昔から言い伝えられている。残念ながら僕にはそのような体験はないが、それは漫画家の水木しげる氏によって形を与えられ、子どもたちにも大人気の妖怪「ぬりかべ」へと変貌した。

「そこに何かある」という経験。そこに何かがあって、前に行けなくなった経験。前後左右をやわらかいものに包まれて、異世界にでも迷い込んだかのように思った経験……。

このような現象を、じつは僕たちの細胞の中で、ウイルスたちも経験しているかもしれないとしたら……?

じつは新型コロナウイルスも、おそらくそれを経験している。いや、経験しているだけでなく、積極的にその経験を利用して、増殖している。

これは、そうした懐かしい経験を彷彿させる、愉快な「膜」の物語である。

蚊帳吊り狸

ぬりかべは形を与えられ、さらに『ゲゲゲの鬼太郎』において鬼太郎側につき、正義の味方にさせられてしまったから、ここで紹介する意味もないし、ぬりかべはむしろ、たとえとしてはふさわしくない。夜道を歩いていて何かが邪魔をし、先に進めなくなる（というか進みにくくなる）怪異の例としては、ぬりかべよりも「蚊帳《かや》吊《つ》り狸《たぬき》」のほうがふさわしいだろう（図4-1）。

図4-1 蚊帳吊り狸
［©水木プロ『決定版 日本妖怪大全』(講談社文庫) p.218］

蚊帳吊り狸は徳島県の伝承で、寂しい夜道を歩いているとその真ん中に蚊帳が吊ってあり、まくってもまくっても何枚も蚊帳が吊られていて、なかなか蚊帳の向こうに出られないというものである。出られないので戻ろうとしても、後ろにも何枚も蚊帳が吊ってあり、後戻りすることもできない。狸の「た」の字も出てこないわけだけれども、徳島県という土地柄からか、その原因を狸が化《ば》かしたことに求めたものだろう。

蚊帳吊り狸はおそらく、単に人を驚かすことを目的とした存在だろうが、細胞の中に存在する〝蚊帳〟は、決してそうではない。確かにそこで、すなわち細胞の中において、重要な目的をもってはたらいている。

当たり前のようにそこにあり、細胞の機能を一生懸命に果たしているその〝蚊帳〟が、あえて何かを驚かせるとすれば、それはおそらく細胞外からの侵入者、すなわちウイルスくらいのものである。もちろん生物ではないウイルスは、決して驚いたりはしないのだが。

細胞内に吊るされた〝蚊帳〟

第2章の主役はリボソームであった。そこで僕は、リボソームは細胞質内に無数に存在していると述べた。真核生物にも原核生物にも、その細胞質に無数に存在し、タンパク質合成を一手に引き受けていることを訥々《とつとつ》と述べてきた。

じつのところ彼ら（リボソーム）は、いつも細胞質内でうろうろしながら浮遊して存在しているというわけではない。リボソームは、たくさんのｒＲＮＡやリボソームタンパク質からできているとはいえ、他の細胞小器官に比べると（リボソーム自身は細胞小器官ではないけれど）どちらかといえば〝身軽〟なので、単に浮遊しているだけではなく、ある特定の場所に「移動」することができたりする。

大型の高級車よりも軽自動車のほうが小回りが利くのと同じく、リボソームは細胞核やミトコンドリアなどに比べてかなり小さく、そのぶん〝自由〟なのだ。そして、その〝自由な〟リボソームが移動する特定の場所というのは、細胞内に吊り下がっている蚊帳、もとい「小胞体」とよばれる細胞小器官の表面である。

小胞体は、「エンドプラズミック・レティキュラム」という、日本語とは比較にならないほど長い英語名をもつ細胞小器官である（と、学生時代に覚えた。長い名前のおかげで、むしろ覚えやすかった面もある）。「エンドプラズミック（endoplasmic）」とは、「細胞質の内部にある」といった意味で、「レティキュラム（reticulum）」とは「細かい網目状のもの」といった意味だから、小胞体の実体をそのまま表している表現である（図4-2）。それに引き換え「小胞体」とは、なんと省略された名前であろう。小胞体は別に小さくもないし、「胞」という言葉でイメージされるような〝包み込むもの〟的な状態のようには見えないのに。

小胞体は、細胞膜やミトコンドリアの内外膜、エンドソームなどと同様に、やはり脂質二重層からつくられている。ただし、ミトコンドリアやエンドソームの膜が、丸く袋のような形状をつくっているのに対し、小胞体はその袋がベチャッとつぶれた、扁平な袋のような構造をしてい

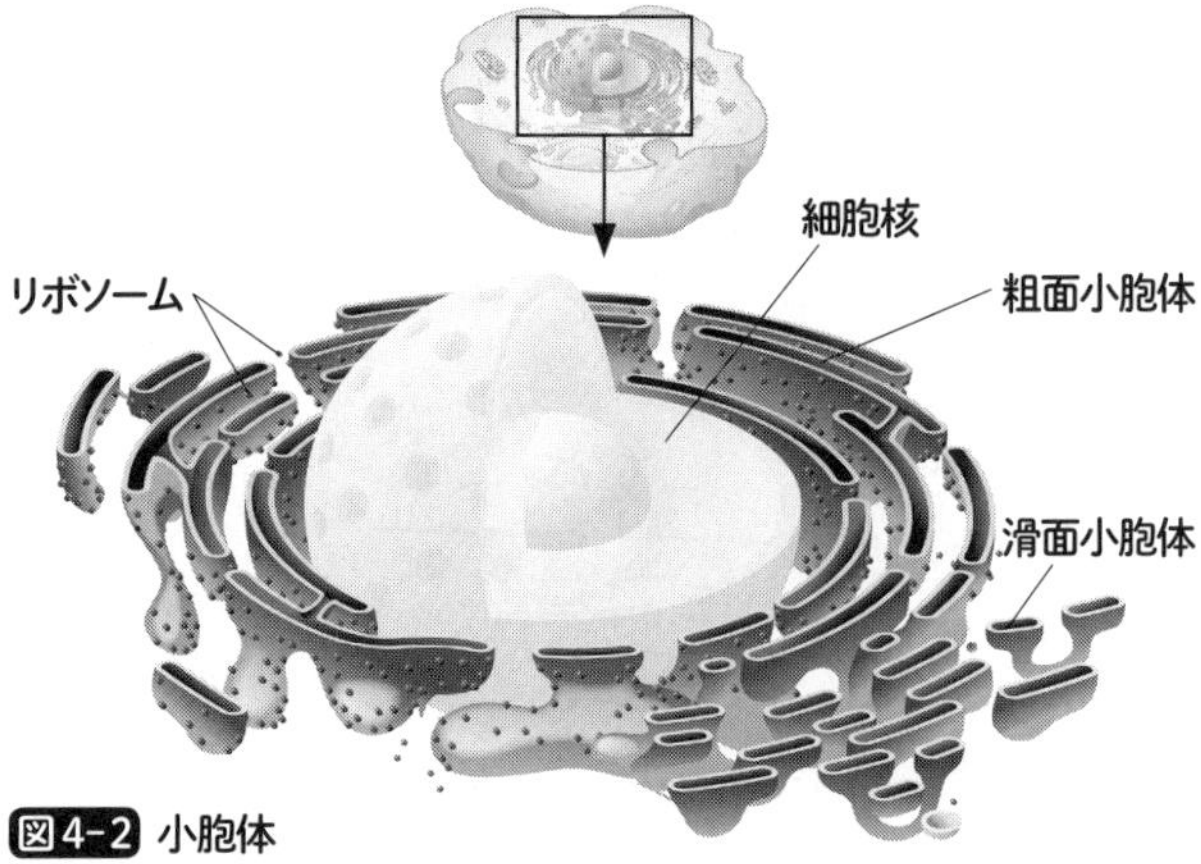

図4-2 小胞体
細胞核を覆うように存在する、表面にリボソーム（ブツブツしたもの）を付着させているものが「粗面小胞体」、付着させていないものが「滑面小胞体」である

て、それがさらに幾重にも重なって細胞質内に存在している。まるで、洋菓子店のショーケースの中の「ミルフィーユ」のようだ。

さらに、これらの扁平な袋どうしがお互いに細かい通路で通じ合っているため、英語名「レティキュラム」の名のとおり、網目の様相を呈している。そのさまは、もし僕たちが細胞の内部に入り込んでいけるとするなら、細胞質内に何層にもわたって脂質二重層でできた〝蚊帳〟、それも〝虫食いのある、やや古い蚊帳〟が垂れ下がり、その〝虫食いの穴〟どうしがくっつき合っているかのように見えるのではないだろうか。

もし、〝蚊帳〟というものを見たことがなくてわかりにくい方がいらっしゃれば、本章の冒頭で触れたように〝（レースの）カーテン〟としていただいてもかまわない（僕自身も、蚊帳の中で寝た経験はない）。

細胞外に分泌されるタンパク質──小胞体とリボソームの関係

さて、ここでふたたびリボソームの話に戻る。リボソームでは、細胞の内外ではたらくすべてのタンパク質が合成される。タンパク質のなかには、細胞の中ではたらくものもいれば、細胞の外に分泌されるものもある。細胞の外に分泌されるタンパク質としていちばん有名な例は、免疫細胞であるリンパ球の一つ「B細胞」がつくり出す防御タンパク質「抗体（免疫グロブリン）」であろう。

抗体は、〝ミサイル〟のように外敵の体に穴を開けるきっかけをつくったり、外敵をがんじがらめに結びつけたりするタンパク質だ。図解ではよくY字形で表現されるが、実際には、そのときどきに応じてT字に近かったりY字に近かったりする柔軟性をもっている。抗体は、免疫応答にはじまり、免疫の〝司令官〟たるヘルパーT細胞からインターロイキンによる刺激を受け、さらに第1章で登場した抗原提示細胞による抗原の提示を受けたB細胞が、分化して抗体産生細胞となり、そこから大量に放出される。

ヒトの体内にあるタンパク質のゆうに三割は占めるとされる「コラーゲン」もまた、線維芽細胞内のリボソームでつくられ、細胞の外に分泌されるタンパク質である。第1章でも述べたが、コラーゲンは、「細胞外基質」とよばれる、細胞の外にあって体の構造を支える物質として、僕たち多細胞生物の身体をつくり上げている。リン酸カルシウムでできた「骨」も、細胞外基質の一つである。

抗体やコラーゲンのように、細胞外に分泌されてはたらくタンパク質を合成するとき、細胞内のリボソームは、本章の主役である小胞体の表面へと移動し、そこに結合する必要があるのである。

小胞体は何をしているのか――タンパク質の「品質管理」役

リボソームはなぜ、小胞体の表面に結合しなければならないのか。

その理由は、合成したタンパク質を小胞体の内部へと放出し、そこで細胞の外へと分泌するための〝下ごしらえ〟をする必要があるからである。小胞体の最も重要なはたらきは、リボソームが合成した細胞外分泌タンパク質を、適切な形に折りたたんだり、そのための修飾を施したりすることだ(この場合の「修飾」とは、タンパク質の分子に糖鎖がくっついたり、硫黄(S)を分子内にもつアミノ酸のシステインどうしでジスルフィド結合(S-S結合)を形成するなどの、

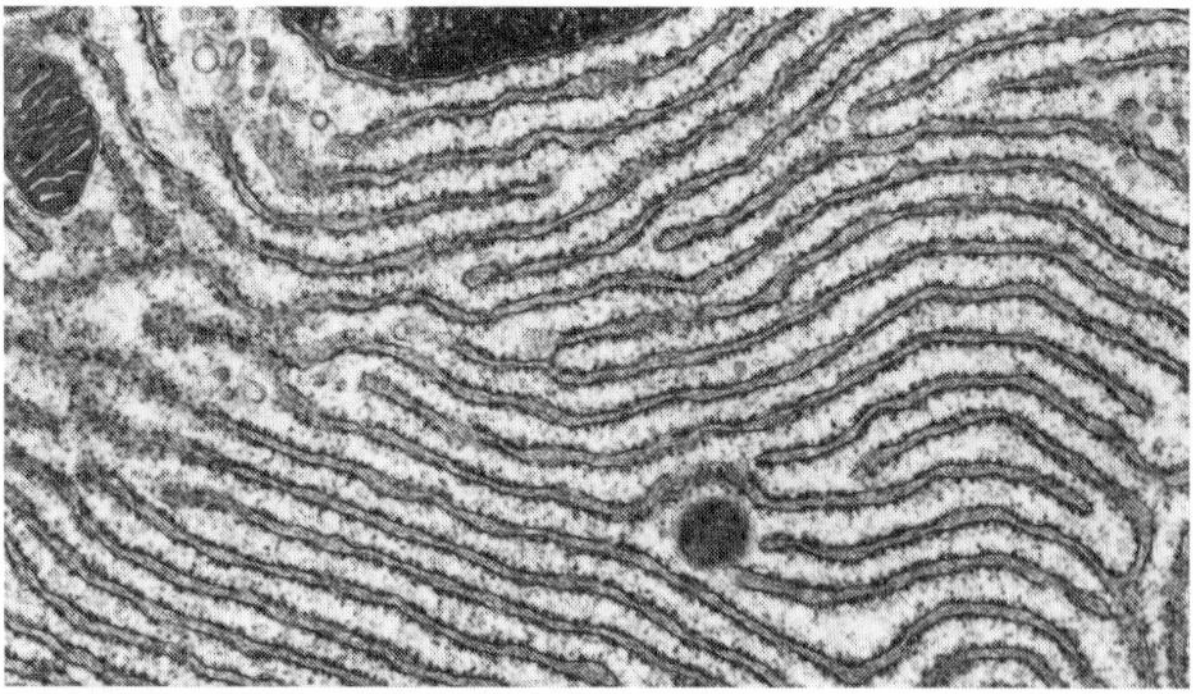

図4-3 抗体産生細胞の粗面小胞体
抗体産生細胞は、大量の抗体（免疫グロブリン）をリボソームで合成し、小胞体を経由して細胞外へと分泌しているため、粗面小胞体が非常に発達している（写真提供：Science Source ／アフロ）

化学的な修飾のことである）。

抗体である免疫グロブリンには、複数箇所のジスルフィド結合形成部位が存在するから、抗体産生細胞へと分化したB細胞の細胞質では、小胞体の〝蚊帳〟が縦横無尽に張りめぐらされ、その表面にリボソームが大量に結合するさまが見てとれる（図4－3）。

さて、合成され、小胞体の内部に放出されたその刹那には、タンパク質はまだ機能を発揮できるほど正常な形をしておらず、単なるアミノ酸の長い鎖（ポリペプチド鎖）のままである。小胞体ではまず、この合成されたてのポリペプチド鎖が、長い鎖の状態から、タンパク質としてきちんと役割を発揮できる形へと整えられる。そのようすが、ポリペプチド鎖を折りたたんでいくように見えることから、この過程をタンパク質の「フォールディング（折りたたむこと）」とよぶ。

たいていの場合、小胞体内のタンパク質には「タグ」がつけられる。タグの正体は糖鎖、すなわちグルコースやマンノース、N-アセチルグルコサミンといった単糖がいくつも鎖状につながったもので、タンパク質内の「アスパラギン」というアミノ酸に付加される。このタグは、タンパク質のフォールディングがきちんとおこなわれるかどうかの〝目印〟として使われると考えられている（図4-4）。小胞体はいわば、タンパク質の品質管理役をも担っているのだ。

小胞体内では、正しいフォールディングがなされているかどうかのチェックが、「シャペロンタンパク質」（図4-4のカルネキシン）によってなされており、異常な折りたたみを形成してしまったタンパク質は小胞体内にとどまる。これがどんどん溜まってしまうと「小胞体ストレス」という状態となり、小胞体が「異常タンパク質応答（Unfolded protein response：UPR）」とよばれる反応を引き起こす。

異常タンパク質応答によって、小胞体内でのタンパク質の処理効率を上げるために新しい小胞体をもっとつくるように促されるが、それでも処理が間に合わない場合には、細胞死（アポトーシス）が引き起こされることになる。膵臓《すいぞう》のインスリン分泌細胞でこれが起こると、インスリンの分泌をおこなう細胞が死んでしまい、糖尿病が悪化することにつながる。要するに、小胞体をオーバーワークさせないことが、糖尿病の予防にもなるようだ。

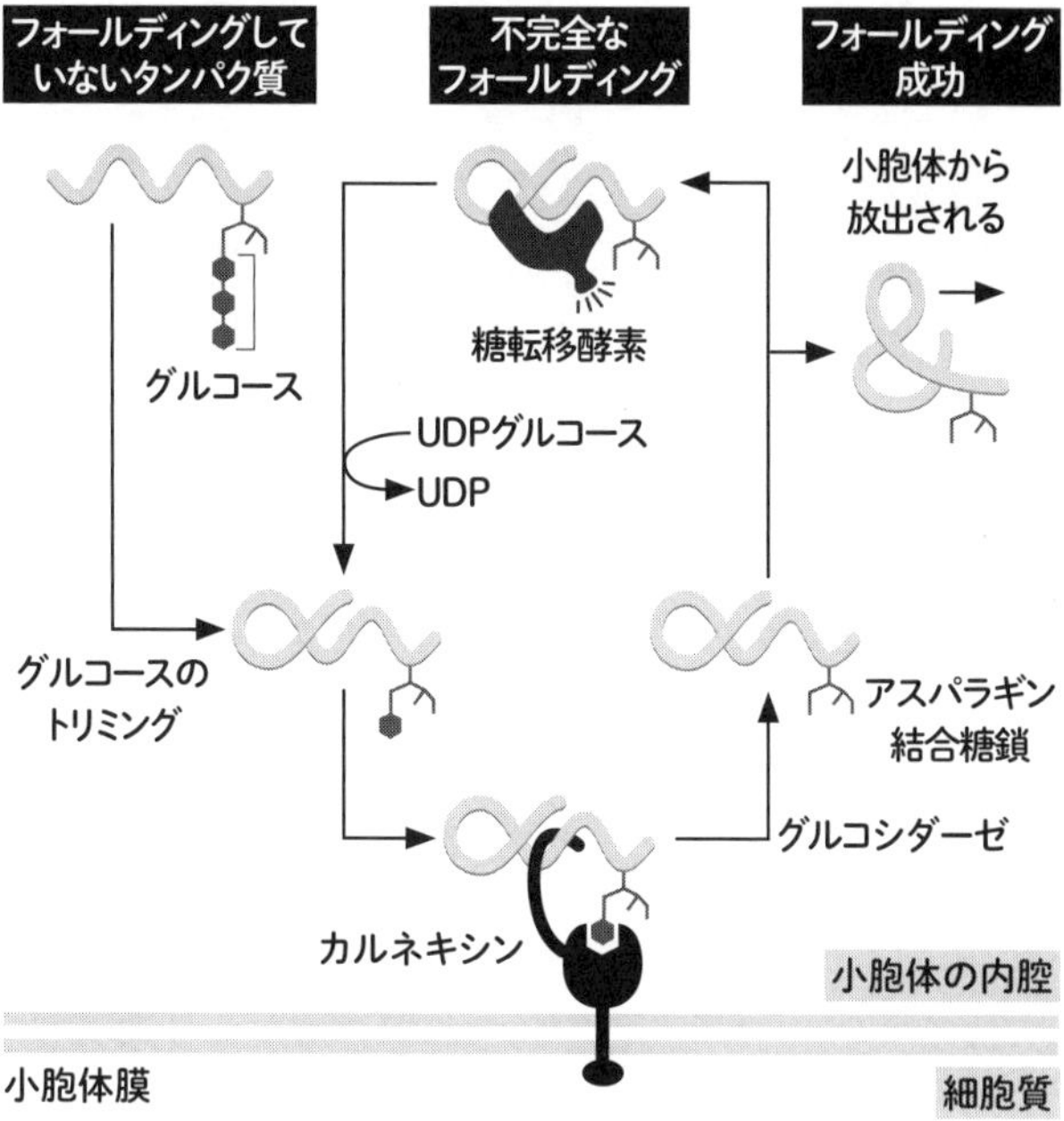

図4-4 フォールディングの目印
小胞体膜に埋め込まれたシャペロンタンパク質である「カルネキシン」は、フォールディングが完成していないタンパク質につけられた目印であるグルコースに結合している。このグルコースがグルコシダーゼによってはずされると、タンパク質はカルネキシンからリリースされる。もしフォールディグが成功していれば、タンパク質は小胞体から放出されるが、成功していない場合、糖転移酵素によってふたたびグルコースがつけられ、再度カルネキシンへと送られる［Albertsほか『Molecular Biology of the Cell, Sixth Edition』（Garland Science）より改変］

ゴルジ体とはなにか——そして粗面小胞体と滑面小胞体の役割は?

小胞体の内部で細胞外分泌のための〝下ごしらえ〟がなされた後、脂質二重層からなる小胞体の一部がちぎれ、それ自身がタンパク質を乗せた「輸送小胞」となって、タンパク質を次の細胞小器官である「ゴルジ体」へと運ぶ。

ゴルジ体もまた、小胞体のようにたくさんの扁平な膜からできた細胞小器官である。教科書などに掲載されている図では、一見するとキモい姿をしているが、その役割は宅配便会社の〝配送センター〟のようなものである(図4-5)。キモいどころかめちゃくちゃ重要なのだ。

ゴルジ体には、小胞体方面から輸送小胞を受け入れる「受け入れ面(シス面)」と、細胞膜方面へと分泌小胞を放出する「放出面(トランス面)」がある。シス面を通ってやってきたタンパク質には、小胞体でなされたものよりもさらに細かいタグ付け(糖鎖修飾など)がおこなわれ、「これ不良品やで、分解してんか」とか「これは細胞膜やな」とか、「コイツは外に分泌せなあかん」とか、その後のタンパク質の行く先を決めるのである。

そうして、細かいタグ付けがされたタンパク質たちは、トランス面からちぎれてできた「分泌小胞」の中に封じ込められて細胞膜まで運ばれ、分泌小胞が細胞膜に融合することによって、外

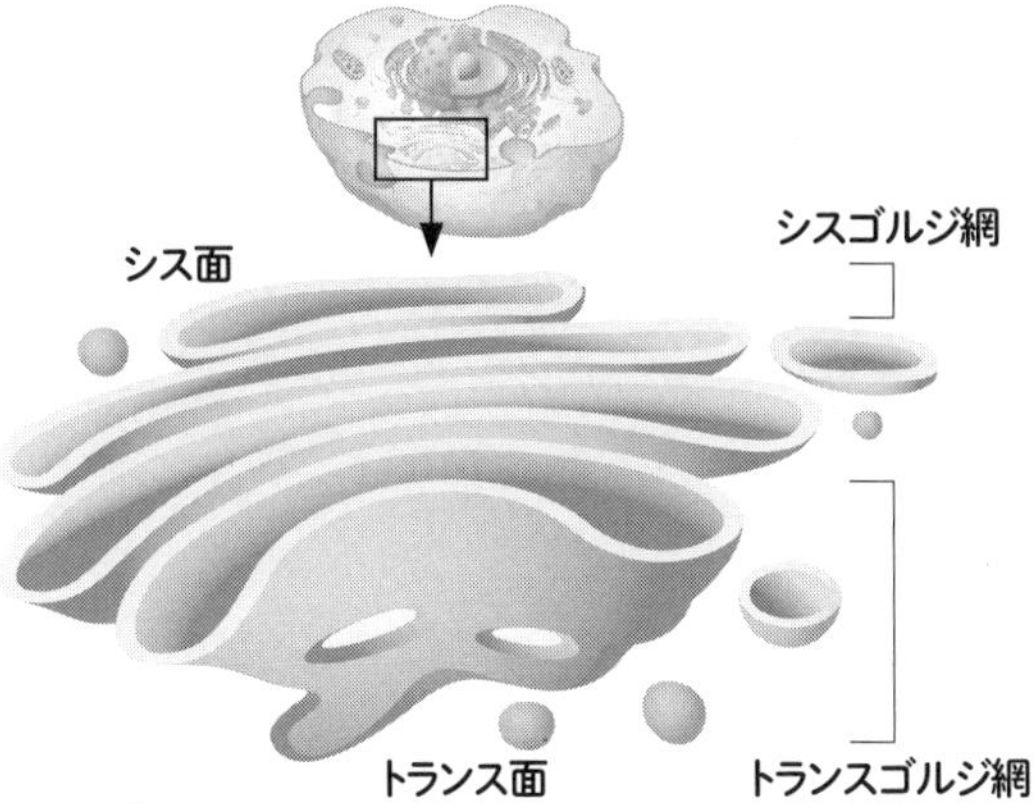

図4-5 ゴルジ体
小胞体に隣接した面を「シス面」といい、シスゴルジ網という複雑な小胞構造が存在する。一方、細胞膜側を向いた面を「トランス面」といい、トランスゴルジ網という構造が存在する

界へと解き放たれるのである。この、エンドサイトーシスとは逆の反応に見える、細胞内部の膜が細胞膜に融合するようにしてその中身を外に放出するしくみを「エキソサイトーシス」という。

このように、最終的にゴルジ体で行き先が振り分けられるようなタンパク質をつくる際に、リボソームは小胞体に取りつくのだ。実際には、そうしたタンパク質には合成された当初、「小胞体シグナル」とよばれるアミノ酸配列がN末端側（最初に合成される側）に結合していて、そのシグナルを「SRP（signal recognition particle：シグナル認識粒子）」とよばれるタンパク質が認識して、小胞体の表面にリボソームごと誘導するのである。

その結果、小胞体の表面には無数のリボソームが結合することとなり、遠目に見ると、表面がザラザラした、まるでエイの体表のような小胞体、すなわち「粗面小胞体」ができあがる。

ちなみに、小胞体のすべてにリボソームがくっつくわけではなく、リボソームがくっつかない領域もある。リボソームがくっついていない〝ツルピカ〟な小胞体を「滑面小胞体」という。こちらの小胞体は、粗面小胞体とはまた別の役割をもっており、おもに脂質合成を重要な役割とする細胞などに見られる。他のほとんどの細胞では、あまり見られないのが特徴だ。

脂質代謝を活発におこなっている細胞では、滑面小胞体の膜にコレステロールやステロイドホルモンなどを合成する酵素が埋め込まれている。肝細胞の滑面小胞体には、血液中での脂質の運搬役を担う「リポタンパク」の脂質を合成する酵素が大量に見られる。さらに、有害な不溶性物質などを水に溶かしたりして排出するための酵素など、解毒にはたらく酵素もまた、滑面小胞体に存在することが知られている。

「細胞内膜系」というもの——細胞進化の視点から

ここでふたたび、第1章の主役「細胞膜」を思い出していただきたい。

細胞膜は脂質二重層でできており、その特性上、すこぶる簡単に融合したり解離したりできるから、そのおかげでアメーバは、「食作用」という素敵な行動によって、食物を摂取することができるのだった。

細胞膜が脂質二重層でできているように、小胞体もゴルジ体も、そしてタンパク質を運ぶ輸送小胞や分泌小胞も、すべて脂質二重層でできている。ということは、これらの膜はすべて、お互いに融合したり解離したりすることができる間柄にあるともいえる。事実、先ほど述べたように、分泌タンパク質がリボソームでつくられて、小胞体とゴルジ体を経て細胞外に放出されるしくみは、まさに脂質二重層の融合と解離が繰り返されるプロセスそのものである。

繰り返しになるが、「食作用」は、細胞の最外層である細胞膜とアクチンなどの「細胞骨格」の性質をフルに活用したものである。柔軟に動かすことができ、自在に融合と分裂を起こすことができるがゆえに、アメーバはそれを手足のように使いこなしている。

しかし、視点をより大きくして「真核生物の進化」の枠組みに置きなおすと、細胞膜のこの性質が、真核生物の成り立ちにより深く、密接に関わっていることがよくわかる。

僕たち真核生物の細胞には、細胞核を覆う核膜、タンパク質の合成に関わる小胞体、タンパク質の分泌に関わるゴルジ体、そして輸送小胞や分泌小胞、リソソーム（消化酵素を含む小胞）やペルオキシソーム（酸化酵素を含む小胞）など、細胞の最外層である細胞膜以外にも、脂質二重層でできたたくさんの「膜」が、その内部に存在している。

進化の源をたどれば、これらすべてがじつは細胞膜に由来する膜と考えられるのである。したがって、これらはまとめて「細胞内膜系」とよばれ、一つの巨大なシステムと見なされている。

「表面積」を増やせ——外より内を重視した進化戦略

バクテリアなどの原核生物には、基本的にこうした細胞内膜系は存在せず、膜といえば細胞膜だけである。すでに述べたように、細胞膜には、細胞の内容物を一つにまとめるというだけでなく、半透性を活かした物質の選択的なやり取りをおこなって細胞内の恒常性を保ったり、呼吸などの反応を担う酵素を保持したりするなど、細胞を維持するうえでの重要な役割がたくさんある。

バクテリアはサイズが比較的小さいので、そうした重要な機能を担う膜は、細胞膜だけで事足りるともいえる。しかし、細胞のサイズが大きくなり、その体積も大容量化すると、それにつれて表面積である細胞膜の比率が下がっていく。そうなると、細胞膜だけで大きな細胞を支えるのは、構造的にも機能的にも難しくなってくる。大きくなりすぎたシャボン玉が、パチンとはじけるのと同じである。

そこで、僕たち真核生物の祖先細胞は、細胞膜と同じ脂質二重層を細胞の内部にまで広げ、いうなればその表面積を広くすることによって、細胞のサイズが大きくなるのに対応したのではないかと考えられる。いやむしろ、サイズが大きくなるにしたがって、必然的に細胞膜が内側へと落ち込み（細胞膜の「陥入」）、やがてさまざまな細胞内膜系が進化したともいえる。要するに、細胞はその進化の過程で、重要な機能を担う細胞膜を、外側ではなく、内側にどんどん増やしてきたのだ。その膜の大部分が、今や「小胞体」として細胞社会を大きく支えているのである。

それでは、僕たち真核生物の祖先はいったい、どのようにして小胞体、いや細胞内膜系を進化させてきたのだろうか。

細胞内膜系の進化——広がった「脂質二重層の世界」

汚い話で恐縮だが、僕たちがなぜ、食事中あるいは食後に「ゲップ」をしてしまうのかを考えるとわかりやすい。食事というのは食物を胃の中に押し込む行為であるわけだが、咀嚼《そしゃく》し、嚥下《えんげ》する過程でどうしても、ある程度の空気が一緒に胃の中に入っていってしまう。その空気を外に出そうとする生理現象が「ゲップ」だ。

炭酸飲料を飲むと必ずゲップが出るのは、過剰な二酸化炭素を体外に出そうとする胃の健全なはたらきにすぎない。したがって、ゲップが出たからといって、すぐに「失礼しました」「エクスキューズミー」「えろうすんません」などと謝る必要は、生物学的にはまったくないのである。

細胞内膜系が進化した最初のきっかけは、おそらく食作用の進化である。硬い細胞壁で覆われていた原始の原核生物になんらかの進化圧がかかって細胞壁が失われ、やわらかい細胞膜が露出して、ウアブ（138ページ参照）のような生物が誕生した。

その生物が食作用によって食物を取り込むようになると、まるで僕たちが食事をするときに意図せずして取り込んでしまう空気のように、細胞内に「食胞」以外のたくさんの「細胞膜に由来する脂質二重層の袋」が生じるようになった。それがやがて、恒久的に細胞内に残るようになり、扁平な形に変化して、小胞体やゴルジ体の元になった。

そうして進化した細胞内の脂質二重層の世界に、外部からミトコンドリアや葉緑体などが、あたかもインベーダーのようにやってきた（寄生者ではあるが「侵入者」であるともいえる）。さらには、ゲノムが核膜で包み込まれて細胞核がつくられ、現在の真核生物が誕生した——。

こうして、真核細胞の内部は「膜だらけ」となったのである。

平均的な数値でいうと、真核細胞の容量のじつに半分は、膜でできた細胞小器官が占めている。小胞体だけでも、粗面小胞体と滑面小胞体を合わせて細胞全体の容量の一五パーセントほどを占める計算だ。細胞中の「膜」（もちろん細胞膜も含める）における比率に換算すれば、膜全体を一〇〇としたとき、粗面小胞体は三五パーセントを占めている。細胞外への分泌タンパク質

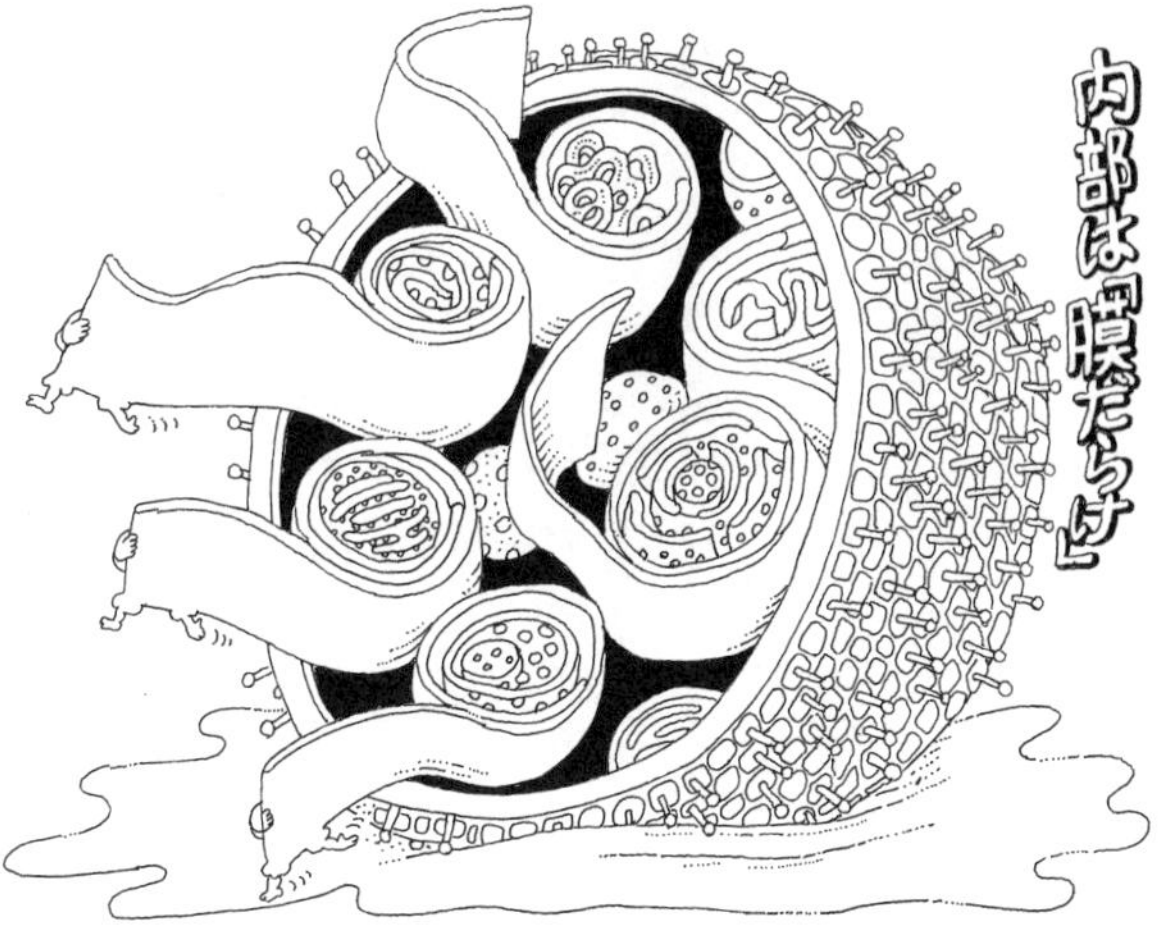

を多く生産する細胞ではじつに六〇パーセントを粗面小胞体が占めるという。

その膜だらけの世界では、分泌小胞やら輸送小胞やらが、まるでグッグッと沸騰する高温の泥水のように、次から次へと内側から外側へ向けて溢《あふ》れ出ている。その「膜」に乗って物質が輸送され、エキソサイトーシスによって細胞外へと放出されている状態、そしてほぼ同じくして、次から次へと外側から内側へ向けて細胞膜に穴が生じ、その穴に入り込むように物質が細胞内に取り込まれるエンドサイトーシスがそこら中で起こっている状態——それが、真核細胞の生きる姿なのである。

そんな不気味な場所へ、よくもまあ、ウイルスたちは入り込んでいけるものである。彼らはどうやって侵入し、増殖するしくみを構築したのだろう。

細胞の中の「外界」

細胞外から細胞内への物質の取り込み、すなわち「エンドサイトーシス」のしくみが真核細胞に備わっている以上、ウイルスにとって、それを使わない手はなかったに違いない。

グツグツと煮えたぎるお湯の中に素手を突っ込むよりも、厚手の手袋でカバーしたほうが火傷《やけど》をしなくてすむのと同じように、ミミウイルスなどの一部のウイルスたちは、エンドサイトーシス（あるいは食作用）により生じるエンドソーム（あるいはファゴソーム）という〝手袋〟に身を包まれて、細胞の中に侵入することにした。そうして、スターゲートをおもむろに開けて、そのゲノムを「細胞の中」に放出するのだ。

ここで、「細胞の中」とはいったいどこのことを指すのかについて、あらためて触れておく。なにしろ真核細胞は、細胞の中に「細胞の外」が迷路のように存在する、きわめて複雑な存在だからである。

僕たちの体を例にとると、食べ物や飲み物、そして胃カメラが入り込むのは「胃の中」である。しかし、胃の中というのは体内ではなく、正確には「体の外」だ。なぜなら、多くの多細胞生物の体は、極端にデフォルメすると「ちくわ」状態になっていて、口と肛門を貫く一本の管、すなわち消化管（の内部）は「ちくわの穴」に該当するからである。「胃の中」や「腸の中」が体の外であるからこそ、悪いバクテリアやウイルスがたくさん付着している可能性のある食べ物を平気で流し込むことができるし、腸内細菌も大量に生息できる。

これと同じく、真核細胞の内部にも「外」が存在する。ファゴソームをはじめとする「膜で包まれた領域」のほとんどが「外」にあたる。別の言い方をすれば、それらは「外に直結する空間」であり、小胞体の中、すなわち小胞体の「内腔」も、ゴルジ体の「内腔」も、すべて細胞の「外」なのである。

したがって、この「外」にいるかぎり、たとえミミウイルスであろうとパンドラウイルスであろうと、細胞に「感染」したことにはならない。なぜなら細胞は理論上、この「外」にあるものを、消化酵素を大量に含んだ「リソソーム」と融合させることで、消化することができるからである。

一方で、細胞の「外」にいるということは、そこでは細胞の「中」にある核酸分解酵素などの攻撃を受けないということも意味する。つまり、ウイルスにとって、安心してゲノムを複製するには、細胞の「外」にいるという状態はもってこいである、ともいえる。

ただ、細胞に「感染」するというのは、最終的には〝子〟ウイルス粒子を大量に生産することを意味するから（「潜伏感染」を除く）、ウイルスたちはゲノムを複製するだけではなく、細胞の「中」すなわち細胞質にあるリボソームを使って、ウイルスタンパク質も大量に合成しなければならない。

ならば、ウイルスたちが「細胞に感染する」にはどうすればいいのだろうか。

小胞体を利用するウイルスたち

二本鎖ＤＮＡウイルスで、ヒトにがんをはじめとするさまざまな疾患をもたらすウイルスとして知られる「ポリオーマウイルス」は、エンベロープをもたないノンエンベロープウイルスである。ポリオーマウイルスは、小胞体のもつメカニズムを利用して、宿主の体の「中」へと入り込むことが知られている。このとき利用されるのは、「小胞体関連分解（endoplasmic reticulum-associated protein degradation：ＥＲＡＤ）」とよばれるタンパク質分解メカニズムである。

先ほども述べたように、小胞体には、フォールディングがうまくいかなかったタンパク質の〝不良品〟をシャペロンタンパク質がチェックする機構が備わっている。この不良品は、小胞体内でチェックを受けた後、小胞体から膜を通り抜けるメカニズムによって細胞質、すなわち細胞の「中」へと放出され、「プロテアソーム」とよばれる「タンパク質の分解工場」によって分解される。

エンドサイトーシスによって取り込まれた物質は通常、エンドソーム内に封じ込められた後、リソソームなどと融合してそこに含まれる消化酵素などで分解される。ところが、ポリオーマウイルスは、エンドサイトーシスによって細胞内に取り込まれたのちに、エンドソームに乗っかって、そのまま小胞体へと輸送されるのだ。

小胞体に輸送されたポリオーマウイルスは、そこでわざと自らのカプシドタンパク質の構造を変化させる。この変化は、ふだんはタンパク質の表面に出ていない疎水性部分を露出させてしまうような構造変化なので、疎水性部分が露出したウイルスは、小胞体内腔内の水から逃げるようにして、そのまま小胞体膜にグサリとはまり込む。その後、小胞体膜を貫通して細胞質へと放出される「ＥＲＡＤ」の初期応答が引き起こされることで、ウイルスはまんまと細胞質、すなわち、正真正銘の細胞の「中」へと侵入を果たすのである。

ポリオーマウイルスは、前述のとおりノンエンベロープウイルスであるため、細胞の「中」へ侵入する際、インフルエンザウイルスやミミウイルスのような脂質二重層どうしの融合戦略をとることができない。その代替策として、いったん小胞体の内部へと入り込み、そのしくみ（細胞質への直接放出）を経由して細胞質へと侵入する戦略を編み出したに違いない。

このように小胞体を利用して細胞内に侵入し、複製・増殖するウイルスは他にも多く知られている。ノンエンベロープウイルスだけでなく、エンベロープウイルスとしても知られるRNAウイルスの「フラビウイルス」(日本脳炎ウイルスが有名)なども、小胞体の一部を利用して、そこに「複製オルガネラ」とよばれる特殊な細胞内構造体をつくり、複製することが知られている。オルガネラとは、細胞小器官のことである。つまりこのウイルスは、小胞体の一部を使って、自ら「細胞の外」に該当する〝部屋〟を用意し、そこで思う存分、複製するのである。

複製オルガネラは、ウイルスの視点に立てば、細胞による排除から逃れ、あたかも「殻に閉じこもるようにして」細胞から邪魔されずに複製・増殖するためにつくり出す構造体であり、一方、細胞にしてみれば、ウイルスのような厄介《やっかい》者を封じ込めるためにつくり出された構造体である、ともいえる。まるで「臨時の細胞小器官」のような存在なのだ。なお複製オルガネラは、ウイルス以外にも、細菌や原虫などの寄生者の場合もつくられるようである。

膜を入手せよ

ここでふたたび、ミミウイルスにご登場いただこう。

ミミウイルスが真の意味で「細胞に感染する」には、細胞の「中」に入り込まなければならない。そのためにミミウイルスは、ファゴソーム内で消化されてしまう前にスターゲート構造を開き、その内部にある脂質二重層とファゴソームの膜を融合させることで、細胞の「中」に通じる通路を「開通」させる。その通路を介して、自らのDNAを細胞質へと放出する。

先ほどのポリオーマウイルスのところでも述べたように、細胞質こそが、「細胞の中」である。細胞質にこそ細胞の活動に必要なさまざまなものたち、すなわち、リボソームやアミノ酸、DNA、RNAらがひしめいて、それぞれの機能を発揮しているからである。ちくわでいえば、「身」にあたる部分だ。ちくわを食べるということは、「ちくわの身」を食べることであって、決して「ちくわの穴」を食べることではない。ミミウイルスもまた、ちくわの身、すなわちアカントアメーバの「細胞質」を〝食べる〟のである。

ミミウイルスのDNAになったつもりで想像してみよう。

細胞質に放出されたDNAは次の瞬間、その眼前に、DNAの材料であるヌクレオチドや、タンパク質の材料であるアミノ酸、そしてタンパク質を合成するために使えるリボソームを大量に目にすることになる。このとき、ミミウイルスから放出されるのはDNAだけではない。ミミウイルスはもともと、DNAポリメラーゼやRNAポリメラーゼなどの複製や転写に必要な酵素群を粒子の中にタンパク質としてもっているので、それらも一緒に放出される。したがって、材料豊富な細胞質に放出されたDNAは、すぐさま自らの複製を開始し、転写を開始し、翻訳を開始することができる。

ＤＮＡとタンパク質はそれで手に入れることができるが、ミミウイルスにはもう一つ、入手しなければならないものがある。カプシド内部に納まっている「インナー・メンブレン」、すなわち脂質二重層である。ミミウイルスはそれを、いったいどこから手に入れるのか。

細胞内にある膜は、細胞膜に小胞体、ゴルジ体、輸送小胞と、これまでも述べてきたようにすべて同じ脂質二重層でできている。小胞体やゴルジ体、そして細胞膜のあいだには、小胞体でつくられたタンパク質の輸送経路が存在し、膜はつねに融合と解離を繰り返しながら、細胞のあちらこちらを行き来している。しかもそれは、タンパク質を輸送するときに限ったものではない。膜もいずれは寿命を迎えるため、新たな膜成分（脂質二重層の一部となる小さな膜の断片やその成分）によって補充されている。膜の合成はつねに小胞体でおこなわれており、そこでつくられた膜は、小胞体からちぎれるようにして離れ、小胞となって細胞の各所に送られる。

つまり、真核細胞の細胞質内には、ミミウイルスの脂質二重層の「材料」となる膜成分が、まるで釣り堀の魚のように、ほとんど入れ食い状態で存在しているのだ。この細胞質内の膜成分を材料に、ミミウイルスは自身の脂質二重層をつくり上げていると考えられている。真核細胞の細胞内膜系そのものを利用して、ミミウイルスは自らの体を複製・増殖しているといっても過言ではない。

小胞体をまるごと使う戦略

第2章でもリボソームを〝カスタマイズ〟するポックスウイルスのことを書いたが、「他人のものを、自らのために利用できるよう改良する」というのは、どんな場合でも有効な手段である。

〝蚊帳吊り狸〟に遭遇した場合、蚊帳を何枚も何枚もめくっていくうちに、まったく外に出られないことに気が焦ってしまうと〝狸〟の思うツボだから、落ち着いてじっくりと考えることが肝要である。ことによったら「眠とうなった。ちょうどええで、わし寝るわ」と嘯《うそぶ》いて、蚊帳を一枚ブチッとちぎって布団にして寝てしまえばよい。そうすれば気持ちも落ち着き、狸も退散するだろう。

リボソームを〝カスタマイズ〟するポックスウイルスも、小胞体をそんな感じで利用しているのかもしれない。

宿主の細胞に侵入したとたん、ポックスウイルスたちが真核細胞の内部で見るのは、「なんや知らん、分厚い蚊帳がようけ下がっとる」状態である。真核細胞はそんな感じで、特に先ほど述べた抗体産生細胞などは、分厚い蚊帳がいたるところに下がっているから、ウイルスにとってはきわめて「ジャマ」な状態になっている可能性がある。

ところがポックスウイルスは、この「ジャマ」な小胞体膜を、単にジャマだと切り捨てるのではなく、逆に自分に都合のよいように利用するのである。ミミウイルスは、小胞体膜の材料となる膜成分を使うのだからまだかわいげがあるが、なんとポックスウイルスは、小胞体そのものをガバッと利用する。

ポックスウイルスは、感染した細胞の細胞質の中に大きな「ウイルス工場」をつくり、そこでさかんにDNAの複製をする。宿主細胞にとってみれば、ウイルス工場は明らかに〝異物〟なので、無防備なままだと宿主の攻撃にやられてしまうかもしれない。そこでポックスウイルスは、そこにあった「なんだかジャマ」な小胞体膜を、どうもその厚さといい〝生地〟(膜の組成)といい、周囲を覆うのにちょうどよかったようで、自身のウイルス工場のまわりに配置することをはじめたのである。

そうして、宿主の攻撃に直接さらされることなく、かつ小胞体の膜という「壁」に囲まれてまとまったことにより、より効率よくDNA複製やカプシド合成ができるようになったと考えられている。

しかし考えてみると、小胞体を利用してゲノムの周囲を囲ませるというのは、ポックスウイルスのウイルス工場の専売特許ではなく、そもそも細胞核自体がそうなのである。

細胞核を覆う核膜は、脂質二重層がさらに二重になった「脂質四重層」の様相を呈している。

一方、小胞体はそれ自体が脂質二重層の袋が扁平になった状態であるから、餃子の皮をペチャリとつぶすような塩梅で小胞体をつぶすと、そこに生じる扁平な物体は、袋というよりむしろ「脂質四重層」である。すなわち、細胞核は、真核細胞のゲノムの周囲に、小胞体の扁平な袋を貼りつけていくことでそのまま核膜ができた、というようにも見えるのである。実際に核膜と小胞体は、ところどころでつながっていることがわかっているから、核膜と小胞体とは機能的にも構造的にも強い関連があると思われる。

新型コロナウイルスの場合――「細胞侵入」術

じつは、二〇二〇年にパンデミックを引き起こした新型コロナウイルスも、小胞体を利用して増殖することが知られている。いや、新型コロナウイルスというより、コロナウイルス科に含まれるウイルスの性質であるといってよい。ここで、コロナウイルスの生活環を概観しつつ、小胞体をどう利用するのかを紹介しよう。

すでに有名になったので、読者諸賢の多くがご存じかもしれないが、コロナウイルス科は一本鎖RNAウイルスの仲間で、RNAゲノムがカプシドタンパク質に包まれ、その外側をエンベロープが覆っている。そのエンベロープに、Sタンパク質（スパイクタンパク質）とよばれるタンパク質がグサグサと突き刺さった構造をしている。その姿は、まるで親の仇《かたき》とばかりに刃物を体中に突き立てられた一昔前の時代劇に登場する浪人者のようだ。そのようすが王冠のように見えたことから、「コロナ（corona：王冠）」ウイルスと名づけられた。

コロナウイルスは、呼吸などを通して僕たちの体内（特に気道）に入り、粘膜の層を通り抜けることに成功すると（これ自体、ウイルスにとってかなりの重労働だ）、Sタンパク質を細胞表面のACE2という受容体に結合させる（56ページ参照）。やがてエンドソームの中に包まれて、細胞内部に侵入したのちに、細胞質内にRNAゲノムを放出する。

一方で新型コロナウイルスでは、エンドソームの中に包まれることなく細胞内に入り込むしくみも報告されている。その場合は、Sタンパク質がACE2に結合すると、その付近にある細胞のプロテアーゼ（タンパク質分解酵素）がSタンパク質の一部を切断し、それが引き金となってコロナウイルスのエンベロープと細胞膜が融合して、そのままRNAゲノムが細胞質へと侵入する。

新型コロナウイルスは小胞体をどう利用するか――彼らは細胞の境界線を知っている？

ここからが本番である。

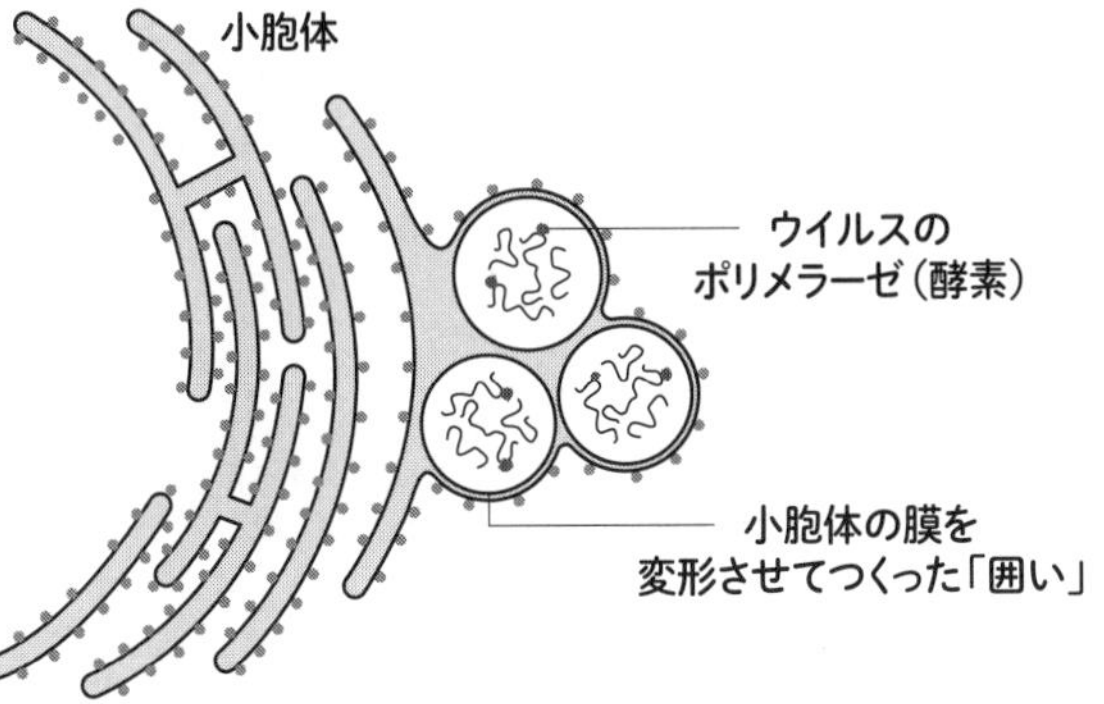

図4-6 新型コロナウイルスの小胞体利用法
コロナウイルスは、小胞体の膜を変形させた「囲い」をつくって、その中でRNAゲノムを複製する（『日経サイエンス』2020年8月号「図説 感染・増殖・防御の仕組み」から引用、一部改変）

細胞質内に放出されたRNAゲノムから転写された遺伝子の一部から、細胞質のリボソームで翻訳されてタンパク質がつくられると、面白いことに、そのタンパク質が宿主の小胞体の膜を変形させて、新型コロナウイルスのRNAゲノムが複製するための「囲い」をつくらせるのである（図4－6）。その「囲い」の中で、新型コロナウイルスのRNAゲノムはさかんに複製される。

複製されたRNAゲノムは、なんらかのメカニズムによって「囲い」の中から飛び出して、細胞質、すなわち細胞の「中」に侵入し、同じく細胞質のリボソームで合成されたヌクレオカプシドタンパク質に包まれ、安定化する。

一方、コロナウイルスのエンベロープタンパク質やSタンパク質などもまた、細胞質のリボソームで合成され、こちらのタンパク質たちは、ゴルジ体の一部からちぎれ出た小胞の膜にグサグサと突き刺さる。その、ゴルジ体由来の小胞がヌクレオカプシドタンパク質で包まれたＲＮＡゲノムを取り囲むようにして包み込むことで、新しいコロナウイルス粒子ができあがる。これが、細胞質から細胞外へと放出されるのだ。

小胞体やゴルジ体、そしてこれら細胞内膜系を連絡する小胞……。コロナウイルスは、僕たちの細胞に備わった、細胞内膜系という超優秀なシステムを最大限に利用して、大量の子ウイルスをつくり出しているのである。

科学的な物言いではないが、コロナウイルスはもしかしたら、どこが細胞の「中」で、どこが細胞の「外」なのかを、きちんと理解しているのかもしれない。彼らがＲＮＡを複製しているのは、明らかに小胞体の内腔、つまり、細胞の「外」なのだから――。

「ただ囲んだだけ」なのか――粗面小胞体の不自然な整列

こんどはポックスウイルスに話を戻す。

小胞体にせよ小胞にせよ、脂質二重層にはある法則がある。つまり、つねに細胞質側を向いている層と、つねに内腔側を向いている層が、必ず決まっているという点だ。たとえば、小胞体の一部がちぎれて輸送小胞となる場合でも、あるいはそれがゴルジ体の膜に吸収される場合でも、

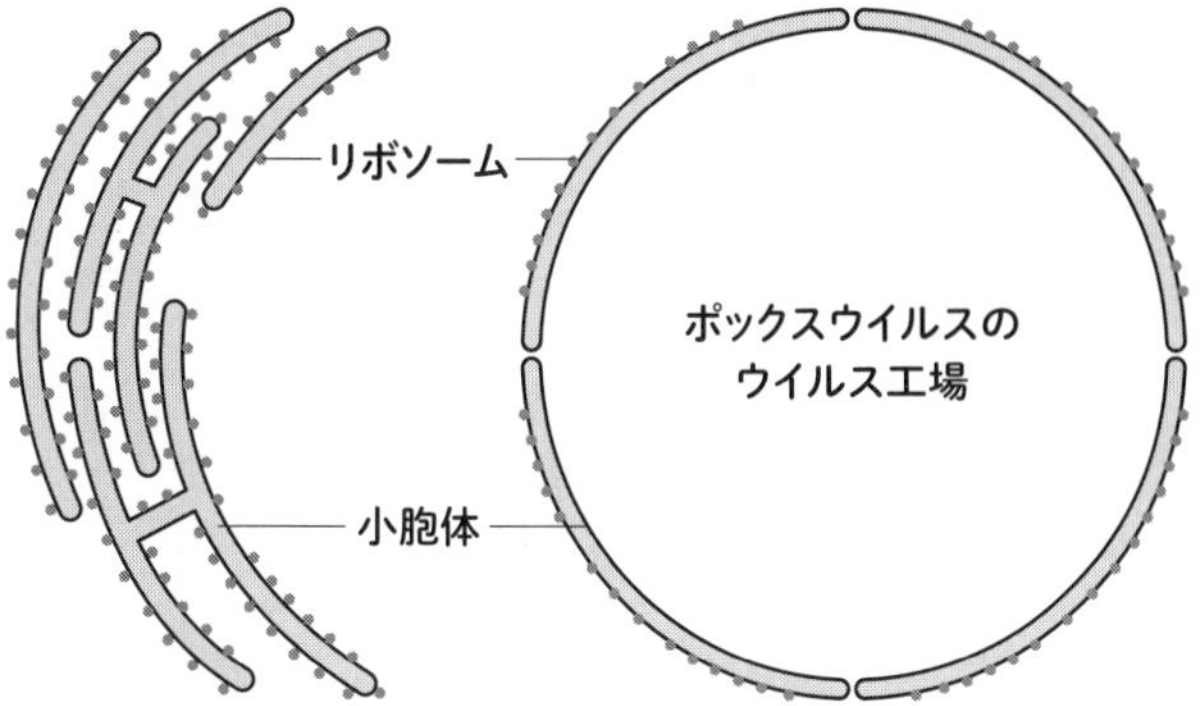

図4-7 ウイルス工場ではリボソームは必ず外側につく

内側の層はつねに内側に、外側の層はつねに外側にという状態をキープする。

ポックスウイルスが自身のウイルス工場の周囲を覆う材料は、宿主細胞の小胞体の一部であったわけだけれども、じつはそれにも、どうやら法則性がある。

ポックスウイルスのウイルス工場を囲むのは、粗面小胞体である。すなわち、表面にリボソームが無数に結合している小胞体だ。この小胞体がウイルス工場を囲んだとき、どうやら表面に結合していたすべてのリボソームが、ウイルス工場側ではなく、細胞質側を向くらしいのである（図4-7）。

実際に、ある研究者がリボソームがどちら側にたくさんあるかを数えたところ、ウイルス工場を完全に覆ってしまっている小胞体の場合、九二パーセント前後のリボソームが細胞質側にあることがわかった。これに対し、ウイルス工場を完全には覆っていない小胞体の場合には、細胞質側を向いていたのは六四パーセント前後だったというから、リボソームはウイルス工場からあたかも「排除」されるかのように、細胞質側を向いているのである。

ウイルス工場が、単に宿主の攻撃から身を守るために小胞体を使うのだとしたら、リボソームを排除する必要性はない。カーテンで自分のまわりをグルグル巻きにしてしまえば、それで事足りるのだから。

リボソームのほとんどを細胞質側に向かせるということは、もしそれがシステマティックにおこなわれているのだとすれば、なんらかの機能的な意味があるはずだ。

ウイルス工場側にリボソームがあってはまずい理由とはいったいなんだろう。細胞質側にリボソームを追い立てる理由とはいったいなんだろう。

じつは、その謎を解明するカギは、宿主細胞がもつ最大の細胞小器官が握っている。

そう、「細胞核」である。

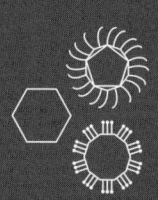

第5章

細胞核

——寄生者が生み出した真核細胞の司令塔

cell nucleus

現在の生物学は、一九世紀のドイツの生物学者たちが打ち立てた「細胞説」に、完全に立脚している。動物、植物を含め、「すべての生物は細胞からできており、かつ、その細胞は細胞からしか生じない」とする細胞説は、シュライデン、シュヴァン、そしてフィルヒョーといった錚々《そうそう》たる学者たちが名を連ねる、生物学の牙城だ。

電子顕微鏡が発達し、さまざまな分子生物学的、細胞生物学的技術が進歩した現在にあっても、その考え方はつねに生物学の根本にある。

しかし、ほんとうにそうだろうか――僕はいつも、こう考える。細胞が生物の基本単位とするならば、その細胞の内部に包含される「細胞核」が、まるで独立した生物であるかのようにふるまうさまを、いったいどう考えればよいのか、と。

最大の細胞小器官であり、かつ最大の〝寄生者〟でもある細胞核――。

これは、そうした矛盾をつねに抱えて苦しむ、尊敬すべき「司令塔」の物語である。

細胞は分化する

読者諸賢のなかには、同じ遺伝子、同じゲノムをもっているはずなのに、なぜ僕たちの細胞には、毛髪の細胞があったり（僕にはすでにないかも）、筋肉の細胞があったり、神経の細胞があったりするのか、疑問に思う方もおられるだろう。

考えてみれば、僕たちの体の細胞はすべて、元をたどれば一個の受精卵にたどりつく。その受精卵が何度も何度も分裂を繰り返して、三七兆個ともいわれる数の細胞からなる体をつくり上げるわけだから、すべての細胞が同じゲノムをもつのは当たり前の話である。だからこそ、「ほな、なんで種類がちゃうねん」ということになる。

一個の受精卵が、「卵割《らんかつ》」とよばれる特殊な細胞分裂（プロローグで紹介した細胞周期の各フェーズのうち、ギャップ期に該当するものがない）によって、徐々に数を増やしていく。最初のうちは、分裂によってできたそれぞれの細胞どうしを比べても、それほど目立つ違いは見られないが、細胞の数が多くなっていくにしたがって、徐々に異なる細胞へと変化していく。

この変化には、DNAの塩基配列の変化ではなく、DNAに生じる化学的な変化が関わっている。たとえば、ある遺伝子の内部もしくは近傍のシトシン（塩基の一つ）がメチル化（メチル基が結合すること）されると、その遺伝子は不活性化されることが知られている。あるいは、ある遺伝子の内部もしくは近傍にあるヒストン（DNAを糸巻きのように巻きつけているタンパク質）がアセチル化（アセチル基が結合すること）されると、その遺伝子は活性化されることが知られている。

つまり、どの遺伝子が活性化され、どの遺伝子が不活性化されるのかによって、どのような細胞になっていくのかが決まるのだ。こうして、受精卵からはじまった細胞の長い旅は、遺伝子の使い分けをおこないながら、徐々にさまざまな体の細胞、すなわち「体細胞」へと姿を変えていく。この現象を、細胞の「分化」という。

細胞の分化はかつて、いったん生じたら二度と元には戻らないと考えられていた。一方通行の現象であると信じられていたのである。だから僕たちは、歳をとったら以前の若い体には戻らないし、まして受精卵にまで戻ってしまうような怪奇現象は起こるはずはないのであった。……ある時点までは。

「移植できる」細胞小器官

細胞核は、僕たち真核生物にとってなくてはならない細胞小器官である。なにしろ、その内部にあるのは、僕たち生物の〝設計図〟であるゲノムなのだ。

しかし、時として細胞核は、その〝宿主〟である細胞本体から離れて、独自の行動を示すことがある。

その行動とは、ヒトの手を借りるものではあるが、クローン動物の作製に用いられる「核移植」と、その結果として移植された細胞核が引き起こす「プログラムのリセット」である。

核移植という生物学的手法には、じつに七〇年に迫る歴史がある。最初にこの方法が用いられたのは一九五二年のことで、アメリカの生物学者であるロバート・W・ブリッグスとトーマス・J・キングによって、カエルの胚《はい》の細胞の細胞核が、細胞核を不活性化した未受精卵に移植され、史上初めてのクローン動物が作製された。

その一〇年後の一九六二年、こんどはイギリスの生物学者、ジョン・B・ガードンによって、同じくカエルを用いた核移植実験がおこなわれた。ガードンはこのとき、胚の細胞ではなく、オタマジャクシの体細胞、すなわち分化が完成した細胞の細胞核を移植に用いた。

分化が完成したということは、体細胞がなんらかの役割を果たすよう成熟した状態になっているということであり、そうした細胞はもはや、他の種類の細胞になることはない。分化が完成した状態の細胞の細胞核も、その状態を維持するためにはたらいているはずである。

それでも、その細胞核を移植された未受精卵から、一匹のきちんとしたオタマジャクシが生まれたのである。このことは、分化が完成した細胞の中にあったときとは違って、細胞核が未受精卵に移植されると、それが「未受精卵の細胞核」へと〝赤ちゃん返り〟することを意味している。ガードンのこの実験は、分化が完成した細胞の細胞核であっても、条件さえ整えてやれば受精卵の細胞核と同じ状態へと〝リセット〟されることを示した最初のものとなり、その功績によって、ガードンは二〇一二年のノーベル生理学・医学賞を山中伸弥とともに受賞している。

図5-1 現在は剝製として展示されているクローンヒツジ「ドリー」
（写真提供：Shutterstock／アフロ）

一九九六年には、イギリスの生物学者、イアン・ウィルムットにより、体細胞の細胞核を、細胞核を不活性化した未受精卵に移植する実験がおこなわれた。ガードンと同じ方法を用いたこの実験によって哺乳類として初めてのクローンがヒツジでつくられ、〝ドリー〟と名づけられて翌一九九七年に発表された（図5－1）。

　このように、核移植の歴史は、見ようによってはクローン動物作製の歴史という態を成している。細胞核を移植するということは、その細胞核を植えつけられた細胞の性質を変えてしまうことでもある。生物学においてそれが意味をもったのは、ふつうは二つの親の遺伝子のミクスチャーとなって生まれてくるべきところを、その法則に逆らい、親の細胞とまったく同じ遺伝子組成をもつ子、すなわちクローンをつくろうとする、研究者たちのモチベーションがあったからにほかならない。

君の色に染まる

細胞核には、ＤＮＡを本体とするタンパク質の〝設計図〟たる遺伝子がある（図5－2）。そのため、細胞核では遺伝子の発現（遺伝子からタンパク質をつくること）の初期反応である「転写」がつねにおこなわれている。

細胞核は、「核膜」という脂質二重層がさらに二重になった分厚い膜で覆われ、構造が比較的しっかりしている。そのため細胞核は、他の細胞成分から切り離して取り出す操作である「単離」ができ、そのことが、前項で触れた核移植を可能にしている。

もちろん、単離するだけならミトコンドリアも葉緑体も可能だ。しかし、細胞に一つしかなく、失われると細胞は死へとまっしぐらに移行するしかない、唯一無二の細胞小器官と、細胞内に数多く存在するミトコンドリアや葉緑体とは、その意味は大きく異なる。

細胞核の移植を会社組織にたとえれば、首脳陣だけをそっくりそのままその会社から切り離し、他の会社のトップへと据えることであると思えばよい。大学の研究室などでも、そういったことがよくある。特に、国公立大学のように古くからつづいている研究室などの場合は、教授が

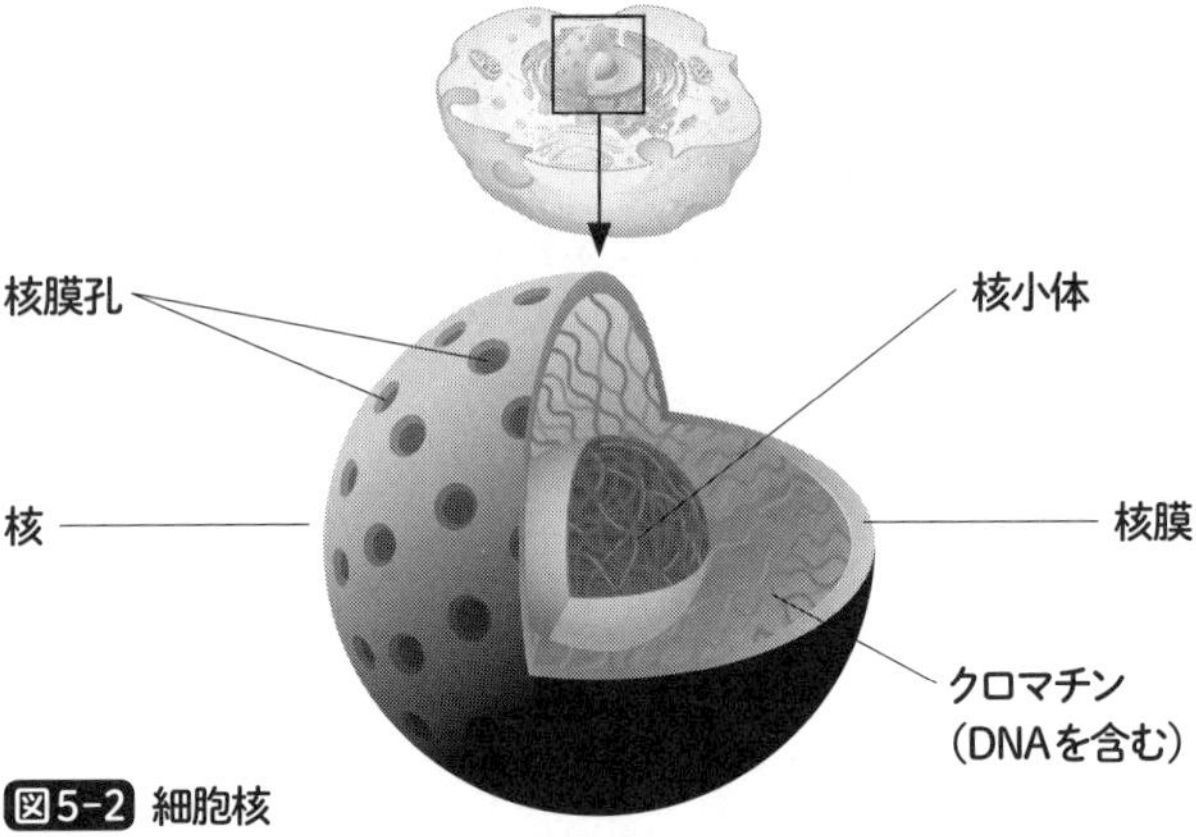

図5-2 細胞核

細胞核は、無数の核膜孔が存在する脂質「四重」層となった核膜が、DNAを含むクロマチンを取り囲んだ構造をしている。ところどころに、リボソームサブユニットの合成をおこなう核小体が存在する。図中の核小体は1個だが、細胞によっては数個存在することもある。また、この図では核小体が膜のようなもので覆われているように見えるが、実際には何かで覆われているようなことはない

退官して他から新しい教授が着任すると、研究室はその新しい教授の色にだんだん染まっていく。場合によっては、それまでのスタッフがすべて追い出され、新しい教授が元の職場からスタッフをごっそり連れてくる場合もある。

もっとも、クローン生物を作製するための細胞核移植は、むしろその逆の現象だ。どちらかといえば、新しい教授がある研究室に着任して、教授のほうがだんだんその研究室の色に染まっていく、というたとえのほうがしっくりくる。

たとえば、もともとは乳腺細胞の細胞核だったものが未受精卵に移植され

ると、かつて乳腺細胞に特有の遺伝子を発現させていたことを〝忘れて〟しまい、移植先の未受精卵で、まったくまっさらの、まことにピュアで純真な細胞核へと〝戻って〟しまうのである。「プログラムのリセット」とは、まさしくこのような現象なのだ。

　それが人為的なものであれなんであれ、別の細胞に入り込み、それまでとは異なる様相を呈するようになるというのは、細胞核はある意味で、細胞そのものとは独立して生き得る存在であることを示しているように思える。また、あるときは細胞核自身が〝感化〟されて相手の色に染まってしまうが、逆に細胞核が、その新たな〝入れ物〟を自分のものにしてしまうこともある。

　面白い例として、人為的ではない、自然界で起こっている例がある。ノリに代表される紅藻《こうそう》類（紅色植物）のふるまいである。紅藻類のなかには、一個の細胞中に細胞核を二個もっている寄生性のものが存在する。その寄生性紅藻類は、二つのうちの一個を宿主である別の紅藻類の細胞内に〝寄生〟させ、その宿主細胞を自分の仲間にしてしまうことが知られているのだ。そのさまはあたかもウイルスのようであり、ウイルス目線の僕などは、そんな紅藻類の存在を知って鳥肌が立ったほどである。

細胞核のはたらき

ここで、細胞核のはたらきについて概観しておこう。

細胞核の内部には、僕たち真核生物をその生物たらしめている遺伝情報のまとまり、すなわちゲノムの本体であるDNAが納まっている。DNAは、裸のまま細胞核の内部に存在するのではなく、「ヒストン」などのDNA結合タンパク質と一緒になって「クロマチン」とよばれる構造をつくっている（図5－3）。

ヒストンは、DNAの〝糸巻き〟としてはたらき、ヒトの場合で二メートルにも及ぶDNAの長い紐を、コンパクトに直径数十マイクロメートル程度の細胞核の中に納めている。講義の際などに僕がよく使うたとえだが、これは、総延長が二〇〇キロメートルもある幅〇・二ミリメートルの細い紐を、バスケットボール一個の中に納めるようなものだ。

そんなたとえを示すと、細胞核の中はまるでDNAが一分の隙もないほどパンパンに詰まっているように思われるかもしれない。ところが、不思議なことに決してそうではなく、細胞核の内部にはタンパク質やRNAなど、DNA以外の物質もひしめき合っており、それぞれの機能を発揮する余地が十分にある。そのことからも、DNAが、いかに効率よく細胞核の中に納められているかがわかる。

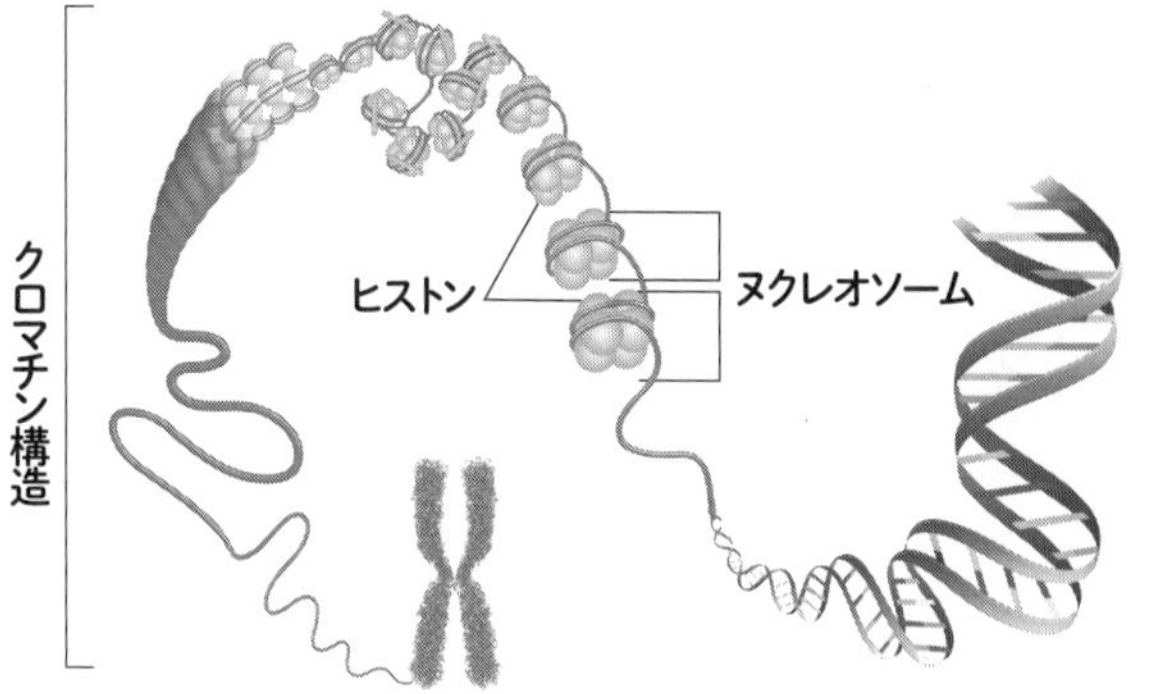

図5-3 ヒストンとクロマチン
DNAは細胞核の中で、8分子のヒストン（ヒストン8量体）に2周とちょっと巻きつき、ヌクレオソームを形成している。これが数珠つなぎになってクロマチン構造をつくっている

最近の研究で、そのようにとんでもなく長いDNAが、決してめちゃくちゃに詰め込まれているわけではなく、ある一定の立体配置で細胞核の中に納められていることが徐々に明らかになりつつあるが、その全体像はいまだ解明されていない。細胞核とDNAには、今なお多くの謎が残されているのである。

DNAやヒストンを含む細胞核の中身は、「核膜」とよばれる、細胞膜と同じ脂質二重層からできた膜によって細胞質と隔てられている。前述のとおり、核膜の脂質二重層は、さらに二重になった四重の膜を形成している。核膜の内側には「核ラミナ」とよばれる細胞骨格の一種が張りめぐらされていて、その構造を保つとともに、細胞が分裂する際の細胞核の消失ならびに再構築を担っている。

核膜にはところどころに「核膜孔」とよばれる穴が開いているが、穴といってもそのじつ、「核膜孔複合体」とよばれるタンパク質でできた複雑な構造体がはめ込まれており、物質を選択的に透過させるというきわめて高度な機能をもっている。（核膜孔の詳細については、拙著『生命のセントラルドグマ』講談社ブルーバックスを参照されたい。）

核小体の謎

細胞核の内部には、特定の小さな領域である「核小体」が一個もしくは数個、存在している。顕微鏡を使って見てみると、細胞核の中で明らかに他とは異なる見え方をするのでそれとわかる。

以前はこれを「仁」とよんでいた（「じん」と読む。決して〝ひとし〟とは読まないのでご注意を）ので、ある程度の年齢以上の方には、その名のほうがなじみ深いかもしれない。一個の細胞核にある核小体の数は厳密に決まっているわけではなく、同じ種類の細胞であっても、核小体の数が異なることは少なくない。

僕はかつて、この核小体にたくさん存在する「B23（ヌクレオフォスミン）」というタンパク質の研究をしていたことがある。大学院の修士課程の頃だから、今から二八年ほど前のことだ。

現在でもＢ23の機能のすべてがわかっているわけではないが、当時はもっとわかっていなかった。細胞質と核小体を行き来するシャトルタンパク質であるとか、リボソームサブユニットの組み立てに関わるタンパク質であるとか、いろいろな報告がなされてはいたが、全体像は今一つはっきりしていなかった。

そこで、このタンパク質を精製するために、ラット（いわばドブネズミである）のお腹の中で増殖する特殊ながん（ノヴィコフ・ヘパトーマ）細胞を大量に培養し（実際にラットのお腹の中で）、そこから核小体を「単離」するということをずっとつづけていた。不思議なことに、核小体は核膜のような膜でその周囲を覆われていないにもかかわらず、「単離」することができるのである。

そして単離した核小体からＢ23タンパク質を精製し、その機能を調べ、どうやらＤＮＡの複製に関わっていそうだということを明らかにした。Ｂ23もさることながら、核小体そのものも非常に謎に満ちた存在であったため、かなりワクワクしながら研究に取り組んでいた記憶がある。

核小体は、細胞核内にあるにもかかわらず、細胞核内には存在しない「リボソーム」を製造する場所である。それ以外にも重要な役割が備わっていると昔から考えられてきてはいるのだが、今のところはまだ、核小体のメインの仕事は「リボソームの製造」ということになっている。

そのリボソームの重要な成分であるｒＲＮＡの遺伝子がＤＮＡ上に複数箇所あり（ｒＤＮＡと

いう）、そのDNAが一ヵ所に寄り集まって、さかんにrRNAの転写がおこなわれている場所こそが、核小体なのである。核小体を形成するこのDNAのことを「核小体形成領域」とよぶ。RNAを染色する試薬で細胞を染めると、核小体が非常に濃く染色されるのを目のあたりにできる。一個の細胞中の核小体の数は、このrDNAに依存すると考えられる。つまり、すべてのrDNAが一ヵ所に集まっていれば核小体は一個になるし、三ヵ所に分かれれば三個になる、という具合だ。

リボソームといえば、第2章の主役であった、細胞質に無数に存在するタンパク質の合成装置だ。細胞質ではたらくものを、わざわざ細胞核内の核小体でつくらなければならない理由はなにか。じつはそのあたりが、今一つ解明されていない核小体の謎な部分でもある。

リボソームはrRNAとリボソームタンパク質からできており、rRNAはその遺伝子であるrDNAが細胞核内に存在するのだから、そこで転写されてつくられること自体には取り立てて違和感はない。リボソームタンパク質はタンパク質なので、それは当然、細胞質のリボソームでつくられるはずである。それはそれでよい。

謎なのは、核小体で起こるのは単にrRNAの転写だけではなく、細胞質でつくられたはずのリボソームタンパク質がわざわざ核小体にまでやってきて、そこでリボソームサブユニットが組み立てられたうえで、ふたたび細胞質に出ていくということなのだ。

ふつうの人間の考えからすると、細胞質のリボソームで合成されたリボソームタンパク質はそのまま細胞質にとどめておき、核小体で合成されたrRNAが核膜孔を通って細胞質まで出ていって、そこで組み立てられてリボソームサブユニットがつくられるほうが理にかなっているように思える。リボソームタンパク質はなぜ、わざわざいったん中に入り、ふたたび外に出るというめんどくさい行動をとらなければならないのだろう。まるで核小体に〝呼びつけられる〟かのようだ。

だから、ふつうの人間（もちろん、僕も含めて）が「rRNAだけ細胞質に出てったらええやん」と思ってしまうのは仕方がないことである。

ウイルスに拝借されるもの

ウイルスは、細胞のしくみを横取りして自らを複製・増殖する連中だから、細胞核に対しても悪さをするものばかりだと思われるかもしれないが、必ずしもそうではない。

細胞核の中ではたらいている、たとえばDNAポリメラーゼなどDNAの複製に関わるタンパク質や、RNAポリメラーゼなど遺伝子の発現に関わるタンパク質などは、どれもすべて細胞質にあるリボソームでつくられる。リボソームでつくられたのちに、核膜孔を通り抜けて、細胞核の中へと入っていく。

もし、これらのタンパク質を利用しようとするウイルスがいたら、リボソームでつくられた〝できたてほやほや〟のタンパク質を、細胞核の中に入り込んでしまう前に横取りしようと考えるだろう。そうすれば、わざわざ細胞核の中にまで侵入しなくてもすむからだ。

カギを開けて入らなければならない扉が二重にも三重にもなっている、あるいは、一つの扉にカギが二個も三個もつけられていたら防犯効果が一気に高まるのと同じで、ウイルスにとっても、細胞膜のみならず核膜まで通過しなければならないとすれば厄介なはずである。ただ、実際には細胞核にまで入り込むウイルスはたくさんいる。ヘルペスウイルスやアデノウイルス、インフルエンザウイルスなども、そのゲノムを細胞核にまで侵入させ、複製する。もっとも、インフルエンザウイルスはＲＮＡウイルスだし、ヘルペスウイルスやアデノウイルスはＤＮＡウイルスだが、いずれも細胞核全体をフルに使って複製するわけではない。

人間の感覚で考えると、やはり脂質二重層を二回も（そのうち一回は四重層だ）通り抜けてまでわざわざ細胞核へと入り込む必要がなく、細胞質だけで複製することができればしめたものではないかと思う。実際に、多くのウイルス（特に、大型のウイルスや巨大ウイルスなど）は、細胞核までわざわざ入り込むことなく複製し、子ウイルスを大量に合成することができている。

それはやはり、タンパク質合成装置であるリボソームが細胞核の外、すなわち細胞質に大量に存在するからである。ウイルスは、自らの遺伝子（から転写したｍＲＮＡ）さえ細胞質中にきちんと用意できれば、あとは細胞質のリボソームをフル活用して、タンパク質をどしどしつくることができる。こんなに楽なことはない。

細胞核は宿主の細胞にとって大切なＤＮＡを保管し、遺伝子を発現させるとても重要な場所だからガードも堅かろう。そんな場所へ侵入するのは相当なリスクをともなうはずで、もしそういうウイルスがいたとしたら、そこにはなんらかの意味があるはずだ。

ところが最近になって、細胞核の中で、しかも、どうやら細胞核全体をフルに使って複製する巨大ウイルスが見つかった。その名を、「メドゥーサウイルス」という。

メドゥーサウイルスの発見

実際にそれを見出したのは二〇一七年だったが、論文として発表したのはその二年後だったので、公式には二〇一九年の発見ということになる。

この年、僕と京都大学、自然科学研究機構生理学研究所、そして東京工業大学の研究グループが、とある温泉水（といっても、お客さんが入るお湯ではなく、源泉が岩場で泥や枯葉とともにたまっているところ）から、それまでに知られていたどの巨大ウイルスとも異なる、新たな系統

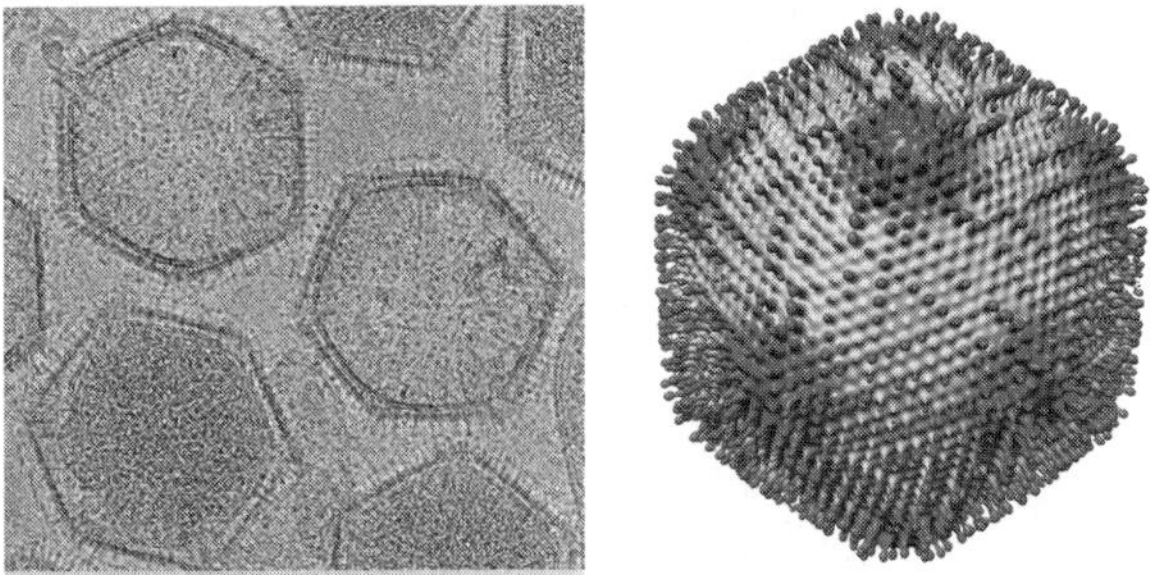

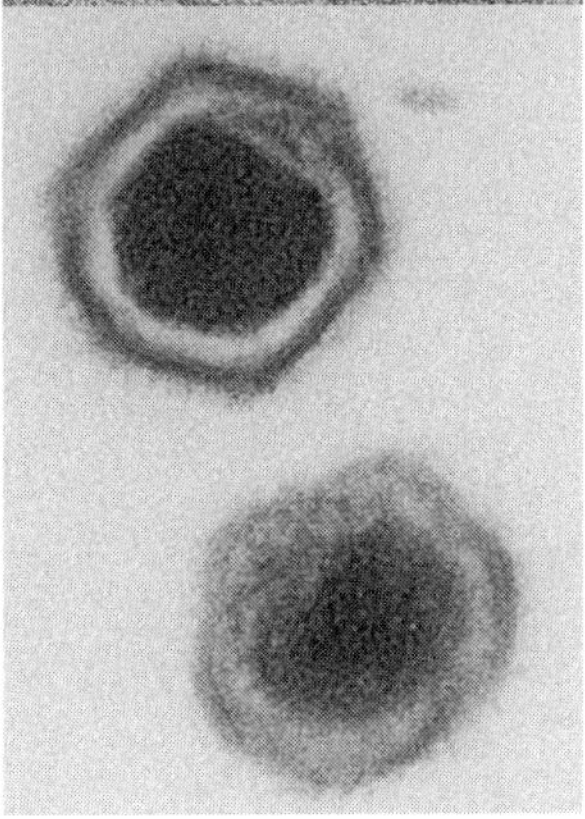

図5-4 メドゥーサウイルス
左上：クライオ電子顕微鏡像（写真提供：自然科学研究機構生理学研究所　ソン・チホン、村田和義）
右上：クライオ電子顕微鏡像の単粒子解析により構築した3Dイメージ（画像提供：自然科学研究機構生理学研究所　ソン・チホン、村田和義）
下：透過型電子顕微鏡像（写真：東京理科大学武村研究室）

の巨大ウイルスを分離することに成功した（図5－4）。

このウイルスが発見当初、感染したアカントアメーバをシスト（嚢子。いわば休眠状態）にしてしまったことから、僕たちはこのウイルスを、見た者を石に変えるギリシャ神話の怪物になぞらえて「メドゥーサウイルス」と命名した。論文は「Journal of Virology」（ウイルス学雑誌）という、米国微生物学会が発行している学術誌に掲載された。筆頭著者は、ゲノム解析の中心となった、京都大学の博士課程に在籍していた院生で、現在は東京都立大学のポスドクをしている吉川元貴君である。

メドゥーサというネーミングが非常によかったらしく、海外メディアでも多く取り上げられ（日本のメディアは取り上げてくれず）、あの『ネイチャー』がこの論文を引用するかたちで紹介してくれたりした。

ただし、現時点では、アカントアメーバがシスト化するメカニズムや、それがメドゥーサウイルスにとってどのような意味があるのか（あるいはないのか）はわかっていない。ウイルス自身が環境の激変をかいくぐって生き残るための手段なのかもしれないし、逆に、アメーバのほうがウイルスから身を守るためのしくみなのかもしれないが、まだよくわからない。

さて、このウイルスのゲノムを、「ＦＩＳＨ（fluorescence in situ hybridization）」とよばれる方法で赤く染色し、アメーバへの感染経過を観察したところ、感染から数時間が経ってウイルスゲノムが細胞核の中で大量に増えているようす（すなわち複製しているようす）が見られた（図5－5）。しかもこのとき、細胞核は核膜が壊れることなく、しっかりとそこに存在しつづけていた。

パンドラウイルスやモリウイルスなどの「つぼ型ウイルス」は、アカントアメーバに感染すると細胞核を破壊し、その跡地にウイルス工場をつくって（パンドラウイルスの場合ははっきり識別できるウイルス工場はできない）、そこで子ウイルス粒子を生産する。メドゥーサウイルス

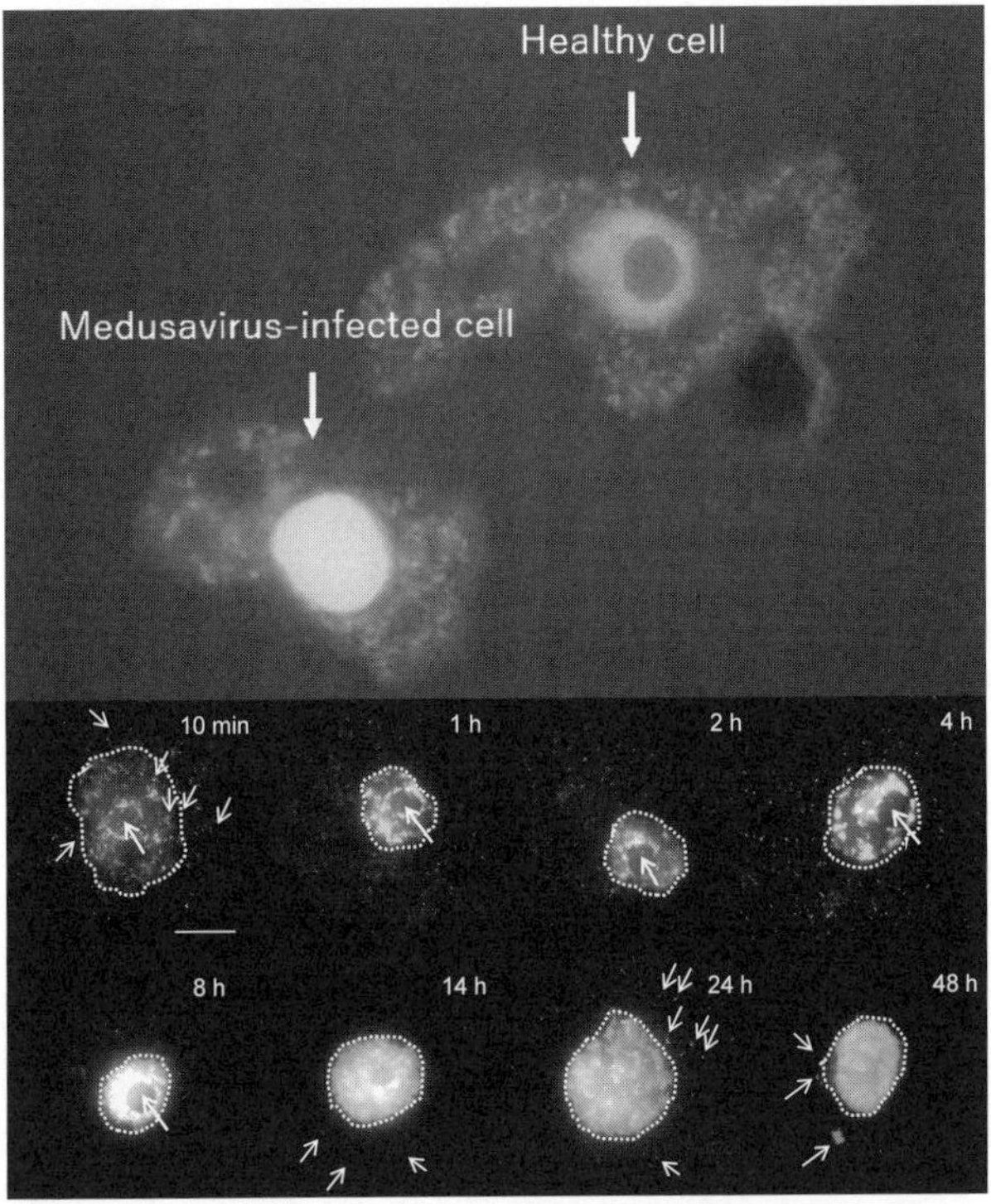

図5-5 細胞核で増えるメドゥーサウイルスのDNA

上：ふだんのアカントアメーバの細胞核は、DNA染色試薬（DAPI）で染色すると、中央の核小体が抜けたドーナツ型をしているが、メドゥーサウイルスに感染すると膨張し、核小体が見えなくなる［Takemura M. (2020) Medusavirus ancestor in a proto-eukaryotic cell: Updating the hypothesis for the viral origin of the nucleus. Front. Microbiol. 11: 571831.］

下：メドゥーサウイルス感染後、細胞核の中でメドゥーサウイルスのDNAが徐々に複製されていくようす。ほんとうは赤く染色されている［Yoshikawa G et al. (2019) Medusavirus, a novel large DNA virus discovered from hot spring water. J. Virol. 93, e02130-18.］

は、ゲノムの構造から「つぼ型ウイルス」に比較的近縁であることが示されているが、彼らのように細胞核をぶっ壊すことはしなかったのである。

メドゥーサウイルスは、二〇〇三年以降に見つかったアカントアメーバに感染する巨大ウイルスとしては初めて、構造が保たれた「細胞核」の中で複製することが明らかとなったのである。

なぜ細胞核に入り込むのか

ゲノム解析によって、メドゥーサウイルスは、他のすべての巨大ウイルスがもっている、きわめて重要なタンパク質をコードする遺伝子を三種類も欠いていることが明らかになった。その三種とは、①遺伝子を転写してmRNAをつくる「RNAポリメラーゼ」、②DNAの絡まりを防ぐ酵素である「トポイソメラーゼII」、そして、③mRNAの5′末端にキャップ構造をつくる「キャッピング酵素」である。

これら三種の超重要なタンパク質の遺伝子をもっていないことと、DNA複製を細胞核の中でおこなうことのあいだには、おそらく関係がある。こうした遺伝子が欠けているということは、宿主の細胞核にあるものを使うしかないことを意味しているから、それを使うために細胞核に入り込んでいるのだろう。すなわちメドゥーサウイルスは、リボソームでつくられたばかりの、宿主のタンパク質を用いるのではなく、細胞核に直接入り込む戦略を採ったのである。

一方においてメドゥーサウイルスは、DNAポリメラーゼや、その機能を補強する「PCNA」とよばれるタンパク質などの、自身の複製のために必要な酵素の遺伝子はきちんともっていた。そしてその遺伝子と、真核生物の該当する遺伝子とのあいだの系統関係を解析したところ、メドゥーサウイルスの遺伝子は、他の巨大ウイルスよりも真核生物のものにより近縁であることが明らかとなった。

特に、メドゥーサウイルスのDNAポリメラーゼは、真核生物のDNAポリメラーゼの一種である「DNAポリメラーゼδ《デルタ》」と非常によく似ており、分子系統樹によれば、メドゥーサウイルスのDNAポリメラーゼは、真核生物のDNAポリメラーゼδの枝分かれしたグループの根元に、その根を下ろしていることがわかった。

これは、DNAポリメラーゼδが真核生物のなかで多様化するよりも前に、メドゥーサウイルスのDNAポリメラーゼと真核生物のDNAポリメラーゼδが枝分かれしたことを示唆している。このことから、もしかしたら僕たち真核生物がもっているDNAポリメラーゼδは、メドゥーサウイルスの祖先が持ち込んだものだったのではないのかということが考えられる。

DNAポリメラーゼδは、僕たちのDNA複製において、ラギング鎖の複製中に「岡崎フラグメント」を合成するという、きわめて重要な地位にある。ラギング鎖というのは、DNAが複製される際に二本鎖が一本ずつに分かれたとき、複製の進行とは逆方向にDNAが合成されていくDNA鎖で、岡崎フラグメントという短いDNA断片を返し縫いのように繰り返し合成することで、複製の進行方向との整合性をとっている、とても器用なDNA鎖のことである。そのDNA合成を一手に引き受けているのが、DNAポリメラーゼδなのだ。

その重要なポリメラーゼがウイルスからもたらされたというのであれば、こんなに面白いことはない。もしかしたら、リーディング鎖、ラギング鎖というDNA複製システムがもたらされたのは、ウイルスのおかげだったのかもしれない。また、もしかしたら真核生物も当初は同じ種類のDNAポリメラーゼで両方の鎖を複製していたが、ウイルスが感染して新しいDNAポリメラーゼがもたらされたことで、異なる種類のDNAポリメラーゼがそれぞれの鎖を複製するようになったのかもしれない。

もちろん、その逆の可能性、すなわちメドゥーサウイルスのDNAポリメラーゼが、宿主からもたらされた可能性もある。遺伝子の塩基配列の系統関係からは、むしろ後者の可能性のほうが高いくらいだ。

真実のところはわからないが、シナリオとしてはより面白い前者の可能性がわずかでもあるのなら、その可能性にかけるというのもまた、研究者の一つの生き方であろう。

ここに巨大ウイルスと細胞核との、「奇妙な進化的関係」が明らかになったのである。

転写装置を〝ハイジャック〟する

もう一つ、ウイルスと細胞核の「奇妙な進化的関係」を紹介しておこう。

巨大ウイルスの一種、マルセイユウイルス（第1章で紹介した集団行動をとるウイルス）の仲間には、不思議なことをするウイルスがいる。

その一つ、「ノウメアウイルス」というウイルスは、自らのゲノムにRNAポリメラーゼ（RNA合成酵素）遺伝子があるにもかかわらず、それを使うことなく、宿主のRNAポリメラーゼを拝借して使っているというのである。この研究は二〇一七年、フランスの科学者、ジャン＝ミシェル・クラヴリらの研究グループによってなされたもので、ノウメアウイルスが、細胞核の転写装置をわざわざ〝リモートコントロール〟して自らの遺伝子発現に用いていることを明らかにし、オンライン科学誌『ネイチャー・コミュニケーションズ』に発表した。

自分の持ち物よりも宿主のもののほうが出来がいいと判断したのかどうかは知らないが、ノウメアウイルスは、細胞質のリボソームで合成されたばかりの、〝できたてほやほや〟のRNAポリメラーゼを使うのではなく、しかも、メドゥーサウイルスのように細胞核に入ろうともせずに、その外側から超能力者のように「おい、RNAポリメラーゼ！　こっちに来んかい！」とばかりに念（実際にはある種の化学物質であろう）を送って、細胞核内ですでにはたらいているRNAポリメラーゼを無理やりひったくるのである。

このウイルスがどのようにして、そのような行動をとるように進化したのかはよくわかっていないが、論文の著者たちは、ノウメアウイルスのウイルス工場が、まるで宿主の細胞核の〝真似〟をしようとして、宿主の細胞核から必要な因子を〝ハイジャック〟しているのではないかと述べている。おそらく、マルセイユウイルス科の他のウイルスも同じようなことをするのだろう。

なお、ノウメアウイルスが宿主のRNAポリメラーゼをひったくるのは、感染初期にウイルス工場を細胞質に形成しはじめる時期のみであって、その後は自らのRNAポリメラーゼ遺伝子から転写され、合成されたRNAポリメラーゼを使って、mRNAの転写をおこなうらしい。

他の多くの巨大ウイルスは、ウイルス粒子内にRNAポリメラーゼをあらかじめ用意しているのだが、ノウメアウイルスはウイルス粒子内にそれを用意していないようなのだ。だから感染初期には、宿主のRNAポリメラーゼを使わざるを得ないのである。子どもたちを叱る定番のセリフである「ちゃんと前の日にもっていくものの用意をしておきなさい！」は、どうやらこのウイルスに対しても有効なようだ。

細胞核はいかにして形成されたか

199ページで、紅藻類の細胞核が他の紅藻類の細胞に寄生するという話をした。もちろん、すべての細胞核がそんなことをするわけではないが、この事実は興味深い示唆を僕たちに与えてくれる。

細胞核が他の細胞に寄生し得るのであれば、かつて僕たち真核生物に細胞核がもたらされたときも、そのはじまりが「寄生」、あるいはそれに似た状態であったと考えても論理の飛躍ではないからだ。細胞核はいったい、どのようにして誕生したのだろう。

何度もいうように、細胞核を覆う核膜も、細胞膜も、さらには小胞体もゴルジ体も、他のさまざまな小胞も、すべて脂質二重層でできている。もちろん、ミトコンドリアも葉緑体もだ。

この事実からまず、真核細胞内に存在するすべての脂質二重層が起源を同一にするのではないか、という考えが思い浮かぶ。このことについては、すでに第4章でも述べている。すなわち、これら細胞小器官たちが、細胞誕生の瞬間から存在したと思われる細胞膜から、派生してできてきたのではないかという考え方だ。

この考え方では、なんらかのきっかけによって、細胞膜が内側に陥没するようにして入り込み、やがて細胞膜から切り離されて、脂質二重層からできた細胞内で独立した小さな〝胞〟ができた。そして、その〝胞〟が進化して、小胞体やゴルジ体、そして核膜へと進化したのではないかと考える。

この考え方に立脚すると、外膜と内膜という二重の脂質二重層（つまり四重層）からできたミトコンドリアも葉緑体も、現在はバクテリアが共生して進化したとする細胞内共生説がほぼ定説化しているが、じつは細胞膜が内側に陥入してできたと考えることも可能である。

つまり、内側に陥入した細胞膜が、細長く扁平に細胞内に伸びていき、あるところで反転して戻ってきて、ループを形成するようにして最終的につながる。そうすることで、もともと脂質二重層でできていた膜が、さらに二重になった膜で包まれた細胞小器官ができるというものだ（図5-6）。

この「膜進化説」は、甲南大学名誉教授の中村運博士によるもので、現在は、ミトコンドリアと葉緑体に関しては、細胞内共生説のほうが優勢ではあるが、細胞核の進化に関しては本書における議論の礎にもなっている。

では、細胞膜が内側に陥入するきっかけとなった出来事はなんだろう。そのきっかけは、現在に生きている生物であるアメーバの「食作用（貪食作用）」に、その片鱗を見ることができると考えられる。

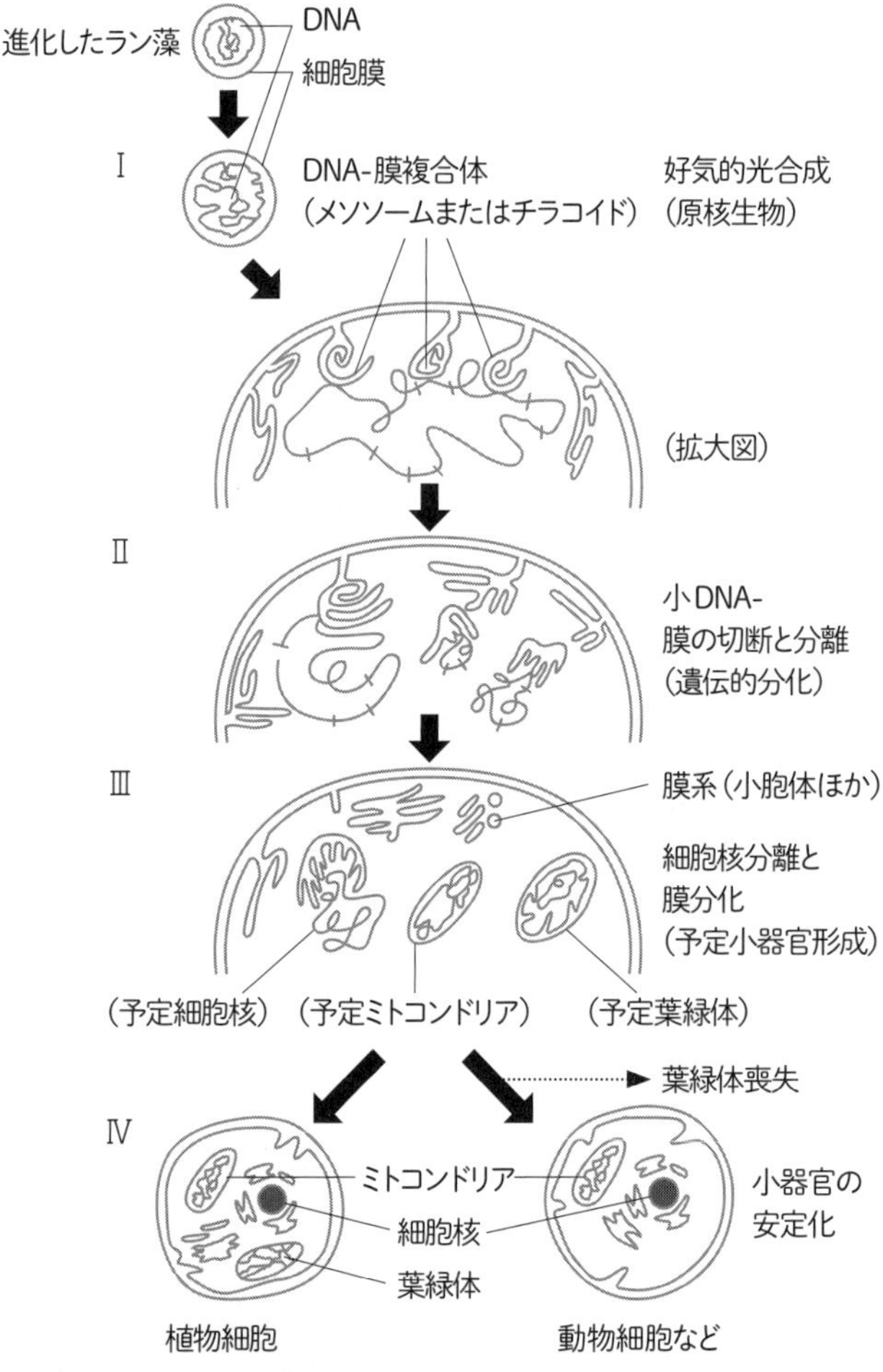

図5-6 細胞小器官の膜進化説
甲南大学・中村運名誉教授による膜進化説では、真核生物の祖先は、酸素を用いた「呼吸代謝」と酸素発生型の「光合成代謝」の両方をあわせもったラン藻の一種であり、そのDNAがやがて、細胞核、ミトコンドリア、葉緑体のものへと、膜ごと切断・分離されて進化していったと考えられる（中村運『新・細胞の起原と進化』培風館より改変）

食作用から核膜の誕生へ

すでに第4章で述べたことだが、食作用によって生じるのは、細胞膜の内側にエサを取り込んだ脂質二重層でできた袋、すなわち「食胞」である。これがもし、エサの取り込みに失敗したとか、アメーバがエサだと思って食べたらそれがじつはエサの〝幽霊〟で、実際には何も食べていなかったとしたらどうだろう。

つまり、アメーバが細胞膜の内側に〝空の〟食胞をつくったという場合だ。第4章で「ゲップ」と形容したものである。食胞が、なんらかの理由で半永久的に細胞の中に残ると（この〝なんらかの理由で〟というところが逃げの一手なのだが）、細胞内膜系の進化への第一歩となり得る。

理由はいろいろと考えられよう。

たとえば、イギリスの生物学者、トーマス・カバリエ＝スミスは、細胞核の進化に先立つ食作用と細胞分裂装置の共進化が、細胞核の進化に重要であったと、その長大な論文で述べている。すなわち、食作用によって細胞膜の内側に生じた膜をなんらかのかたちで利用することに成功した細胞が、現在の真核生物へとつながった、という説である。それが、複製されたゲノムを間違いなく両極に引っ張るための装置であり、食胞から進化した膜の一部がゲノムの〝アンカー〟となって、効果的に細胞分裂を推し進めるための分裂装置をつくっていったのではないか、という。

現在、核膜と小胞体は部分部分でつながっていることから、最終的な核膜の形成に小胞体の一部を〝転用〟することがおこなわれた可能性は高い。第4章でも述べたように、核膜の脂質「四重」層は、小胞体の袋がペチャッとつぶれたものであるとみなすこともできるから、核膜と小胞体との機能的、構造的、そして進化的な関係は深いのである。同じく脂質二重層からつくられている小胞体は、細胞膜との融合・分離を介したつながりを保持し得ることから、細胞の内と外を接続するパイプ役を担っている。細胞外に分泌するタンパク質の合成に資することができるというそのメリットによって、小胞体を開発することができた細胞が生き残ってきたと考えれば、核膜との共進化が起こったこともうなずける。

ゲノムはなぜ〝完全包囲〟されているのか

しかしながら、単に食作用によって内側に細胞膜が陥入すること、そしてそれが、小胞体のような扁平な袋へと進化することと、細胞核のように、ゲノムDNAという細胞にとって最も重要な構成物が完全に脂質二重層によって覆われてしまうこととでは、その意味するところが大きく異なる。その過程も、それほど単純なものではなかったはずだ。

たとえ細胞分裂装置との共進化がそこにあったとしても、ゲノムDNAを完全に覆う理由としては、やや不十分である。細胞核とはすなわち、ゲノムDNAを細胞質から切り離し、別の区画の中へと隔離したものであるともいえる。あたかも『進撃の巨人』において高い城壁に囲まれた都市の内部に、人間たちが隔離されたのと同じように、そうなったなんらかの理由があるはずだ。

細胞核の原型？

二〇一七年、アメリカの科学者らによる興味深い論文が科学誌『サイエンス』に掲載された。バクテリアに感染するウイルスであるバクテリオファージが、感染したバクテリア細胞内で、細胞核によく似た構造をつくることを明らかにしたという内容である。そのバクテリアはシュードモナス属（緑膿菌の仲間のバクテリア）のもので、感染するバクテリオファージは「201φ2-1」とよばれるものだ。

カリフォルニア大学サンディエゴ校のジョー・ポリアーノ博士の研究グループは、このバクテリオファージがシュードモナス属のバクテリアに感染すると、その細胞内に、複製する自らのD

NAを囲い込んだ「区画」を形成することを明らかにしたのである。ただしこの区画は、細胞核のように脂質二重層でできているわけではなく、バクテリオファージがつくるある種のタンパク質からできていた。

そして、細胞質のリボソームで合成されたバクテリオファージのカプシドタンパク質は、この

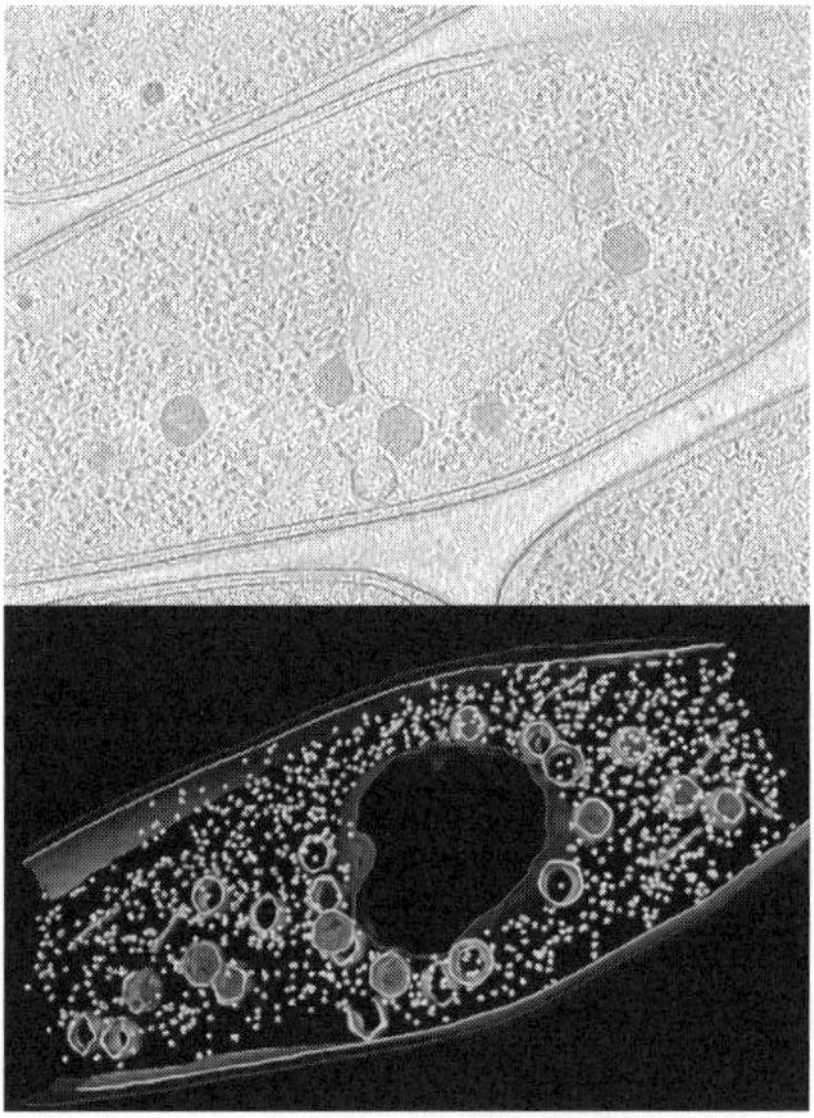

図5-7 バクテリオファージによる区画化
上：クライオ電子顕微鏡像による断層画像。中央に見える大きな円形の物体が、バクテリオファージが構築した区画化した領域で、その周囲にある粒子が子バクテリオファージ
下：上のクライオ電子顕微鏡像をより明瞭に可視化したもの
［Chaikeeratisak V et al. (2017) Assembly of a nucleus-like structure during viral replication in bacteria. Science 355, 194-197.］

区画の周辺に集まってきて、その中で複製されたDNAを一ゲノムずつ包み込み、新しいバクテリオファージへと成熟させていくのだという（図5－7）。

この発見は、たとえそれが脂質二重層ではなかったとしても、原核生物において、ウイルスのゲノムを取り囲むように区画化が進行することが実際に確かめられたという点で意義がある。太古の昔に生息していた原核生物においても、それに感染したウイルスが細胞内で区画をつくっていた可能性が浮上してきたからである。

ただし、細胞質のリボソームでつくられたバクテリオファージのDNA複製酵素などが、どうやって区画の内部へと侵入していくのか、区画の内部で転写された各種のmRNAが、どうやって区画の外部に放出されて細胞質のリボソームまでたどり着くのかについては不明である。

細胞核の核膜には核膜孔とよばれるゲートが開いていて、選択的な物質のやり取りがおこなわれているのは前述のとおりだが、このバクテリオファージの〝区画の壁〟がどのようなしくみで物質のやり取りを可能にしているのかはまだわからない。そのメカニズムが明らかになれば、核膜孔の通過メカニズムの進化の解明にもつながるかもしれない。

なお、バクテリオファージなんぞに頼らなくても、自ら細胞内に、真核生物における細胞内膜系と思《おぼ》しき膜システムを構築している原核生物もいる。「プランクトミケス門」に含まれるバクテリアである「*Gemmata obscuriglobus*」は、その細胞内に核膜のように見える膜成分を備えていることで知られているし、アーキアの一種である「*Ignicoccus hospitalis*」という生物もまた、その細胞内に核膜のように見える細胞内膜をもっていることが知られている。

いずれも示唆的ではあるけれども、真核生物の細胞核との関係は不明である。

自らのゲノムを防衛すること

さて、「201φ2-1」にとって、自らのDNA複製工場の「区画化」にはどのような意味があるのだろうか。論文の著者たちは、この区画の壁は、宿主（つまりバクテリアの細胞）の防衛システムから自らのDNAを守るための〝シールド〟としてつくられたものだろうと述べている。

バクテリオファージに対するバクテリアの防衛システムとして特に有名なのは、「クリスパー・キャス9システム」とよばれるものだ。これは、バクテリアがその〝敵〟であるバクテリオファージのDNAの一部を、自らのゲノムの「クリスパー」とよばれる領域に保持しておき、いざバクテリオファージが感染すると、クリスパーに保存しておいた敵のDNAからRNAをつくり出し、侵入者のゲノムに相補的に結合させて、「キャス9」というDNA切断酵素を作用させて侵入者のゲノムをぶった斬るというシステムである。

クリスパー・キャス9システムは、細胞レベルの防衛手段としては最強ともいえるもので、「ゲノム編集」の基本技術に応用されていることでも知られる。

逆に、バクテリオファージがこの防衛システムから自分のDNAを守る手立てとしては、バクテリアのキャス9が自分のDNAにアクセスできないよう、〝壁〟をつくってしまえばよいということになる。そうすれば、自らのDNAが分解されなくてすむからだ。

また、バクテリアに存在する別の防衛システム、たとえば制限酵素などによる攻撃に対しても、自分のDNAを固いシールドで覆ってしまえば対応できそうだ。そうして、うまく自らのDNAの周囲を〝壁の中〟に囲い込むことに成功したバクテリオファージが、こうして生き残ってきたのではないか。ただし、もしこの性質の獲得が進化的に有利なものだったとしたら、世の中にもっと「区画」をつくるバクテリオファージがいてもよさそうなものだが、現在までに知られているかぎりでは、「区画」をつくらないもののほうが多いようである。

したがって「区画」の形成は、このバクテリオファージ「201φ2-1」に特有の、なんらかの事情から生じたものかもしれないし、その宿主であるシュードモナス属側の事情が影響したのかもしれない。残念ながら、結論はまだ出ていない。

いずれにしても、ウイルスが自ら複製中のゲノムDNAを〝壁〟で囲んでしまうという現象には、自衛的な意味があるといえそうである。

細胞の「鎖国」――ミトコンドリアが促したこと

江戸幕府が「鎖国」をおこなったことはよく知られている。歴史学者ではないので間違っていたらご寛恕《かんじょ》いただきたいが、鎖国の背景には、キリスト教の布教にともなう国内秩序の変更を江戸幕府が恐れたから、という事情があったものと推察される。これと同じような事情が、じつは細胞核の誕生の背景にもあったのではないだろうか。

すでに前著『巨大ウイルスと第4のドメイン』『生物はウイルスが進化させた』(いずれも講談社ブルーバックス)において紹介しているので、ここでは簡潔に触れておく。その事情とは、僕たちの祖先にあたる細胞にミトコンドリアの祖先が入り込んできたとき、彼らが遺伝子の「スプライシング」をおこなうシステムを持ち込んできた、というものである。

現在の真核生物の遺伝子のほとんどは、「イントロン(介在配列)」とよばれる塩基配列によって、遺伝子が複数の「エキソン」に分断されている。そのため、最初に転写された時点では、mRNAにイントロンがまだ残った状態になっている。これを除去しないと、翻訳に供することができないので、その除去作業である「スプライシング」がおこなわれる必要がある。

当時、まだ原核細胞だった僕たちの祖先細胞にはスプライシングシステムがなかったため、転写されたmRNAはそのままリボソームで翻訳に使うことができた。ところが、ミトコンドリアゲノムに乗っかるかたちで、イントロン・スプライシングシステムが持ち込まれ、それが僕たちの祖先細胞のゲノムと混ぜ合わされてしまった。その結果、転写されたmRNA（前駆体）からスプライシングによってイントロンが除去されないかぎり、リボソームで翻訳に使えなくなってしまったのだ。

すなわち、スプライシングと翻訳の場を、物理的に分ける必要が生じたのである。このことが、細胞核という「区画」ができるきっかけとなったのではないかというのが、二〇〇六年にアメリカのユージン・クーニンらが提唱した「イントロン仮説」である。

本当であればこれもまた、僕たちの祖先細胞が採用した〝自衛〟システムの一つであるといえる。

細胞核とウイルス工場

しかし、イントロン・スプライシングシステムの持ち込みは、あくまでも区画をつくるための〝外圧〟にすぎない。細胞は意志をもたないから、自分で「ほな区画つくったらええやん」と宣言して、わざわざ区画割りをするようなことはしないはずである。自然に区画化が起こるような

「なんらかの現象」がすでに生じていて、そこに上記の〝外圧〟がかかり、その結果、その「なんらかの現象」を利用できた細胞だけが真核細胞として生き残ってきた、と考える必要がある。

その「なんらかの現象」が、ウイルス感染によって細胞内に一時的につくられるようになっていた「ウイルス工場」であったと考えると、いくつかの疑問に対して解答らしきものが浮かび上がってくる。まず、細胞分裂に際して細胞核（核膜）が消失し、分裂し終わると再構築されるという現象がある。これには、核膜の内側を裏打ちしている「核ラミナ」とよばれる構造があって、それを構成する「ラミン」というタンパク質のリン酸化が関わっており、ラミンがリン酸化されると核ラミナの構造が壊れて核膜が断片化され、細胞核が消失することが知られている。そして、分裂が終わるとラミンが脱リン酸化され、核ラミナがふたたび組み立てられるとともに、断片化した核膜が集合して細胞核が再構築されるのである。

このしくみがどう進化したのかはよくわからないのだが、一時的につくられていたもの（ここではウイルス工場）を起源としたからこそ、今の細胞核のように、細胞が分裂するたびに核膜の断片化と再構築を繰り返すしくみができたのかもしれない。実際に、細胞核内にウイルス工場をつくるヘルペスウイルスの一種「単純ヘルペスウイルス」が、宿主のラミンタンパク質をリン酸化することで核膜を壊し、そこから子ウイルス粒子を放出するメカニズムが知られている。ヘルペスウイルスは巨大ウイルスに近縁なウイルスであるから、巨大ウイルスの祖先が当時のウイルス工場のコントロールに同様のメカニズムを用いていた可能性は十分にある。

そして、現在の細胞核において、リボソームを外側に追いやるウイルス工場を起源としたからこそ、リボソームはつくられるけれども成熟したものはその外側（細胞質）に「排除」されるというしくみができたのかもしれない（189ページ図4－7も参照）。

そのウイルス工場が、現在のメドゥーサウイルスと同じように、宿主のゲノムに〝寄り添って〟つくられていたようなものであったなら、なおさらよい。209ページで述べたように、メドゥーサウイルスは宿主であるアカントアメーバの細胞核の中で、しかも細胞核全体をフルに使って自らのDNAを複製する。ミミウイルスやマルセイユウイルスでいうところのウイルス工場は、メドゥーサウイルスにおいては細胞核そのものなのである。

細胞核誕生の謎を解く新たな仮説

これらのことから、次のような仮説を立てることができる。

メドゥーサウイルスを含む巨大ウイルスの祖先が、まだ細胞核がなかった時代の真核生物の祖先（アーキアの祖先）を宿主として感染していた頃、ウイルス工場は宿主のゲノムが存在する場所とは離れたところに形成されていた。そのウイルス工場は、宿主の攻撃から身を守るため、宿主細胞内に存在していた細胞内膜系の一部を利用して、その周囲を囲わせていた。

やがて、そうしたウイルスのなかから、宿主のゲノムに〝寄り添って〟自らのDNAを複製するようなウイルスが進化した。これは、宿主のゲノムにより近いところで、そのしくみの一部を利用して複製することができれば、自らのゲノムに荷物のように背負っているいくつかの遺伝子を放り出すことができるという、いわば「トレード・オフ」のような進化が起こった結果ではないかと考えられる。これが現在のメドゥーサウイルスの直接の祖先で、トレード・オフにより失われたのはRNAポリメラーゼ、トポイソメラーゼ、そしてmRNAキャッピング酵素の遺伝子であり、メドゥーサウイルスの祖先は、これらを宿主の酵素に依存するようになった。そうして、メドゥーサウイルスは自らのDNAだけでなく、宿主のDNAをも細胞内膜系の一部で覆い、ウイルス工場を形成するようになった（図5－8）。

やがて、ミトコンドリアの祖先が共生したことにより、イントロン・スプライシングシステムが持ち込まれ、それをきっかけに、メドゥーサウイルスの祖先がつくり出していた「区画」の恒久化が起こった。これが、細胞核の誕生である。

一方、宿主のゲノムに〝寄り添わなかった〟ウイルスは、そのまま細胞質にウイルス工場をつくり出すミミウイルスやマルセイユウイルスなどへと進化していった。

もちろん、これはあくまでも「仮説」である。こうした仮説は、往々にして提唱者（すなわち

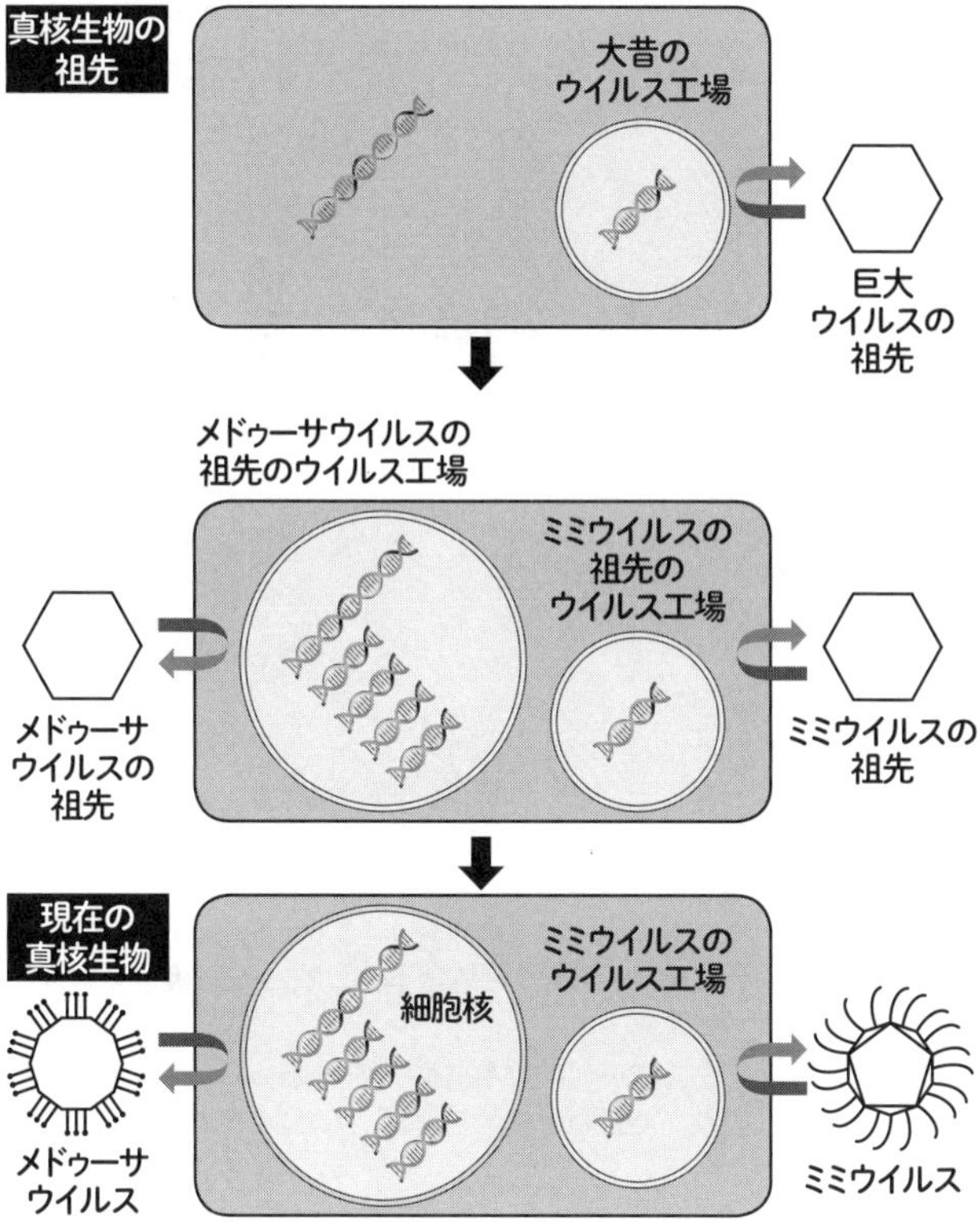

図5-8 メドゥーサウイルスの祖先は何をしていた?
上：まだ細胞核がなかった時代、巨大ウイルスの祖先は、ウイルス工場を宿主のゲノムがある場所とは離れたところにつくっていた
中：宿主のゲノムに“寄り添って”自らのゲノムを複製するメドゥーサウイルスと、宿主のゲノムに“寄り添わなかった”ミミウイルスの祖先が、それぞれ進化した
下：メドゥーサウイルスは自らのゲノムだけでなく、宿主のゲノムも細胞内膜系の一部で覆い、ウイルス工場を形成するようになり、やがてそれが細胞核へと進化した
［Takemura M. (2020) Medusavirus ancestor in a proto-eukaryotic cell: Updating the hypothesis for the viral origin of the nucleus. Front. Microbiol. 11: 571831. より改変］

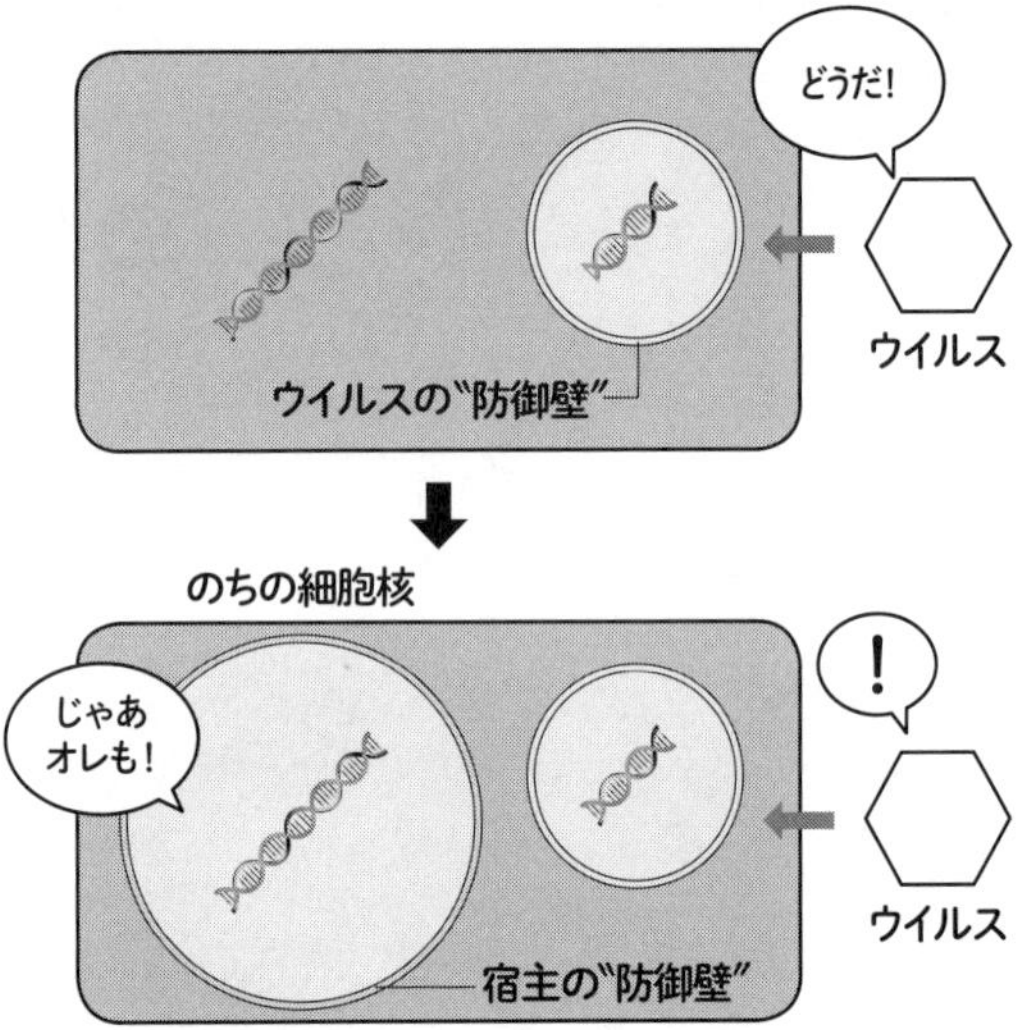

図5-9 核膜は「防御壁」なのか?
上：巨大ウイルスの祖先は、宿主の攻撃からゲノムを守るため、宿主細胞内に存在していた細胞内膜系の一部を利用して、その周囲を囲わせて“防御壁”にしていた
下：そのしくみを宿主側が“学習”し、宿主細胞も自らのゲノムを細胞内膜系の一部（小胞体）で囲わせて“防御壁”とした。これがのちに、細胞核へと進化した

僕）の思い込みによるところも大きいので、その点は慎重を期す必要がある。第三者による検証が不可欠ということだ。

したがって、別の仮説もご紹介しておきたい。それは、細胞核というものが、宿主の側がウイルスから身（つまり、自身のＤＮＡ）を守るために編み出した防御壁であったとする考え方だ。なにしろウイルスは、宿主のしくみを乗っ取って自ら複製・増殖するから、な

るべくそういう連中に、自分の大切なＤＮＡをさらしたくはない。そこで、周囲にカーテンのようにぶら下がっているたくさんの小胞体の膜で自らを包み、やがてそれが恒久化して細胞核になったのだ、と。

先ほどの仮説でも述べたように、ウイルスが、宿主の防御反応から自らの遺伝子を守るために、こうした区画をつくることは知られているから（巨大ウイルスによる「ウイルス工場」はまさにそうしたものだろうと考える）、感染された細胞の側は、ウイルスのもっているそうしたしくみを「学習」し、自らのゲノムを包み込む核膜をつくり出したのではないか（図5－9）。

これは、「ヴァイロセル仮説」の提唱者であるパトリック・フォルテール博士が提唱している仮説である。

エピローグ的な何か

本書ではこれまで、細胞がもつ細胞小器官とそのはたらきを、ウイルスとの関わりという視点、すなわち「ウイルス目線」から紹介してきた。取り上げた主役たちは、細胞膜、リボソーム、ミトコンドリア、小胞体、そして細胞核だが、むろん、これ以外にも多くの細胞小器官が僕たちの細胞にはあり、それぞれに重要な役割を果たしていることは忘れてはならない。

しかし、「ウイルス目線」で細胞をとらえたとき、どうしても先の五者を矢面に立たせてしまうことになった。機会があれば、本書で取り上げなかった細胞小器官についても、ぜひご紹介したいと思っている。

第1章でも述べたように、この地球はよく「水の惑星」といわれるけれども、じつのところ、「ウイルスの惑星」というべきものでもある。生物の個体とウイルス粒子のどちらがこの地球上に多いかと考えれば、ウイルス粒子のほうが圧倒的に多いのだ。

しかも、進化的にも非常に古く、巨大ウイルスは真核生物の起源にまで、バクテリオファージはバクテリアの起源にまで、それぞれ遡れるであろう。コロナウイルスでさえ、五〇〇〇年から一万年前まで、その起源を遡ることができるといわれる。なかには、生物の細胞はウイルス（のような単純な形をした何か）が元になってできたという考え方すら存在する。

地球の「主」は、まさしくウイルスなのだ。

生物は、そのウイルスによって、歴史の大いなる転換点においてさまざまな恩恵を与えられてきた。ウイルスのエンベロープタンパク質の遺伝子が、僕たちの祖先に感染して胎盤形成遺伝子の一種「シンシチン」をつくり出したことも、バクテリアがバクテリオファージへの対抗手段として「クリスパー」を編み出し、それが現在、ゲノム編集技術として使われていることも、そして僕たち真核生物に細胞核が誕生したことも（これはしかし、まだ定説ではない）、すべてはウイルスによる恩恵であるといえる。そして、ヒトゲノムの四〇パーセントにも及ぶ塩基配列がウイルスに由来するものであることが、いったい何を意味しているのか、これからの研究で明らかになっていくであろう。

こうした視点から、「果たして細胞は『生物の最小単位』であるか否か」を考えてみると、そもそも「単位」とか「最小」とか、そういう考え方そのものが実態にそぐわないのではないかという思いが頭をもたげてくる。細胞は確かに、生物が生きていくうえで一定の役割をもっているし、生まれてから死ぬまで、細胞をベースに生命現象は構築され、その上で生物はその体を成長・維持し、やがて老いていく。

しかし、どうやらそれは、単なる「表向き」の様相にすぎないのではないか。じつは細胞は、ウイルスが長い年月をかけて構築した、自らの複製の「場」にすぎないのではないか。

人工衛星やドローンから見た都市が、まぎれもなく人類がつくり出したものではあるけれども、都市全体が活気づき、まるで一つの生きもののように見えるのと同じように、僕たち生物は、ウイルスがつくり出したもので、実際にはウイルスが主役ではあるのだけれども、それらがつくり上げている細胞が、あたかも主体的に生きているように見えているだけなのではないか。

そして細胞とは、生物の最小単位というよりも、ウイルスが感染し、増殖する場としての最小単位なのではないか——。

二〇二〇年は、世界中が新型コロナウイルスに翻弄された年であった。そして、まさにそうした細胞社会の成り立ちが、コロナ禍とよばれた一連の騒動を通して垣間見えたのではないか。二〇二〇年の主役は、まごうことなく新型コロナウイルスであったが、じつはこれまでも、目に見えず、気づかなかっただけで、この世界の主役は、昔も今も、変わらずウイルスだったのではないか。

細胞とはなんだろう。

この疑問を呈するとき、人々の頭に去来するものは、人それぞれであろう。しかし、そこにウイルスがひょっこりと顔を出すことで、細胞の違った一面が見えてくる。それは、生物自身のことだけではなく、学問としての生物学・生命科学にとっても、同様にいえることではないだろうか。

ウイルスを無視して細胞を語ることができないのであれば、ウイルスを無視した生物学もあり得ない。細胞はまさに、ウイルスのために存在するのだから。

おわりに

今、この原稿を書いているのは二〇二〇年九月末である。ちょうど世界では、中国の武漢で発生した「新型コロナウイルス」による感染拡大が大きなニュースとなり、すでにパンデミックを起こした新型コロナウイルスは、世界中に三三〇〇万人以上の感染者と、一〇〇万人を超える死者をもたらしている。

本書では、『細胞とはなんだろう』というタイトルであるにもかかわらず、一貫して「ウイルス目線」で筆を進めてきた。それは、僕自身が巨大ウイルス研究者であり、巨大ウイルスマニアであることが大きな理由ではあるのだが、そもそも「ウイルス」について、多くの人たちは知ろうとしてこなかったし、実際に知らないということを、拡大中の新型コロナウイルスをめぐる人間模様を他人事《ひとごと》のように（ぜんぜん他人事ではないが）眺めていてよくわかった、というのもまた、いささか後づけのようではあるけれども、大きな理由になっているような気がする。

数でいえば、地球上に存在するのは「細胞」よりも「ウイルス」のほうが圧倒的に多く、その比は二桁や三桁を軽く飛び越えるだろう。しかも、ウイルスは細胞の中でしか増殖できないとくれば、世の中の生物に関わるさまざまな場面において、「ウイルスが細胞に感染し、その中で増えて飛び出す」という場面が、他を抑えて圧倒的に多いことは容易に想像がつく。

だとすれば、「細胞とはなんだろう」という問いかけに対する答えのなかに「ウイルスが細胞をどう利用しているか」が含まれなければ、真に細胞を理解したことにはなるまい。

その、きわめてたくさんある「ウイルスが細胞に感染し、その中で増えて飛び出す」場面のうち、ほんの一部のみが、「人間に病気を引き起こす」場面なのだ。僕たちは、そのほんの一部だけを切り取って、そこにしか興味・関心をもたなかったがために、ウイルスといえば病難をもたらすものだというイメージが、世界中に定着してしまった。

細胞というものを「ウイルス目線」で書いてくると、細胞はすべての生物にとってその基本となるべき構造体であることを再確認できるのと同時に、いかに細胞という存在が、ウイルスたちにとって〝楽園〟であるのかがよくわかる。彼らにとっての〝楽園〟である細胞が数多く存在するこの地球は、まさに「ウイルスの惑星」なのである。

これまでに僕が上梓した「ウイルス三部作」(『新しいウイルス入門』『巨大ウイルスと第4のドメイン』『生物はウイルスが進化させた』の三書目。いずれも講談社ブルーバックス)では、細胞はウイルス増殖の「場」にすぎないということをことさら強調するような表現をしてきた。今回は細胞をテーマとする本であるがゆえに、それをやや封印気味にしたわけだけれど、こらえきれずに第5章の最後で吐露する結果となった。

細胞はやはり、ウイルスのためにある——そう思うことを僕は禁じ得ないのだ。いやむしろ、そう思ってしまうこと、そしてその視点の重要性を訴えていくこと、これはもう、巨大ウイルス研究をはじめた瞬間からの、僕の宿命であるとさえいえるような気がする。

なお、「ウイルスの惑星」という〝標語〟は、僕が考えたものではない。カール・ジンマーの著作として、まさにそのものズバリ『ウイルス・プラネット』と題する本がすでにある。拙著とあわせて、読者諸賢にもお勧めしたいと思う。

本書のベースとなるのは、なんといっても、何人かのウイルス学者のみなさんと交流させていただくなかで培ってきた、ウイルスに関する知見や大いなる示唆である。特に、巨大ウイルス研究における共同研究者である緒方博之・京都大学教授、村田和義・生理学研究所准教授、長崎慶三・高知大学教授には、巨大ウイルスならびにその周辺ウイルスに関する示唆に富んだ議論をもたせていただき、それが本書執筆の原動力となったことについて、ここであらためて御礼申し上げたいと思う。

また、宮沢孝幸・京都大学准教授、佐藤佳・東京大学准教授、中川草・東海大学講師には、ウイルス学会等における議論を通じて、ウイルスの奥深さにあらためて思いをめぐらせるきっかけをつくってくださったことに感謝したい。巨大ウイルス研究の第一人者であるブラジルのヨナタス・アブラハオ博士には、二年に一度開かれる巨大ウイルス国際シンポジウムでの興味深い議論とともに、自ら発見されたツパンウイルスの写真をご提供いただき、感謝申し上げる。

最後に、本書執筆の機会を与えてくださった講談社ブルーバックス編集部の倉田卓史氏、そして、いつも明るく、執筆の元気をもらった妻と三人の息子たち、そして蔭で応援してくれている両親に深謝しつつ、この本を彼らに捧げたい。

令和二年九月

ＧＯＴＯキャンペーンから除外され、陸の孤島と化した東京にて

武村　政春

参考文献

本書を執筆するにあたり、参考にした書籍、ならびに総説・論文のうち、特に重要と思われるものについて示しておく。

【書籍】

●アルバーツ、ブルースほか著『Molecular Biology of the Cell, Sixth Edition』(Garland Science) 二〇一五
●アルバーツ、ブルースほか著、中村桂子・松原謙一監訳『Essential細胞生物学　原書第四版』(南江堂) 二〇一六
●池北雅彦ほか著『理工系の基礎 生命科学入門』(丸善出版) 二〇一六
●河岡義裕・堀本研子著『インフルエンザパンデミック』(講談社) 二〇〇九
●グッドセル、デイヴィッド著『The Machinery of Life』(Springer-Verlag New York) 一九九三
●島野智之・高久元編『ダニのはなし——人間との関わり』(朝倉書店) 二〇一六
●ハーパー、デイヴィッド著、下遠野邦忠・瀬谷司監訳『生命科学のためのウイルス学』(南江堂) 二〇一五
●ヒューズ、アーサー著、西村顕治訳『細胞学の歴史——生命科学を拓いた人びと』(八坂書房) 一九九九

●永宗喜三郎ほか編『アメーバのはなし――原生生物・人・感染症』（朝倉書店）二〇一八
●中村運著『新・細胞の起原と進化――生命のしくみを探る』（培風館）二〇〇六
●ブラック、ジャックリン著、林英生ほか監訳『ブラック微生物学　第二版』（丸善出版）二〇〇七
●水木しげる著『決定版　日本妖怪大全――妖怪・あの世・神様』（講談社）二〇一四
●水谷哲也著『新型コロナウイルス――脅威を制する正しい知識』（東京化学同人）二〇二〇
●矢部一郎著『復刻と訳・注　植学啓原＝宇田川榕菴』（講談社）一九八〇
●『南山堂医学大辞典』第19版（南山堂）二〇〇六
●『日経サイエンス』二〇二〇年八月号・特集「解明進む　新型コロナウイルス」（日経サイエンス社）二〇二〇

【総説・論文】

●井上隆昌（2017）ポリオーマウイルス小胞体――細胞質逆行輸送機構の解析・ウイルス 67, 121-132.【ポリオーマウイルスの小胞体利用】
●森田英嗣（2017）プラス鎖ＲＮＡウイルスによって形成される複製オルガネラ・生化学 89, 5, 744-747.【複製オルガネラ】
●Chaikeeratisak V et al.（2017）Assembly of a nucleus-like structure during viral replication in

bacteria. *Science* 355, 194-197.【核のような構造を形成するバクテリオファージ】

●Fabre E et al. (2017) Noumeavirus replication relies on a transient remote control of the host nucleus. *Nature Commun.* 8, 15087.【細胞核をリモートコントロールするノウメアウイルス】

●Heimerl T et al. (2017) A complex endomembrane system in the archaeon *Ignicoccus hospitalis* tapped by *Nanoarchaeum equitans*. *Front. Microbiol.* 8, 1072.【核膜みたいな膜をもつ古細菌】

●Imachi H et al. (2020) Isolation of an archaeon at the prokaryote-eukaryote interface. *Nature* 577, 519-525.【培養に成功した真核生物の祖先に最も近いアーキア】

●Jha S et al. (2017) Trans-kingdom mimicry underlies ribosome customization by a poxvirus kinase. *Nature* 546, 651-655.【ポックスウイルスによるリボソームのカスタマイズ】

●Martin W & Müller M (1998) The hydrogen hypothesis for the first eukaryote. *Nature* 392, 37-41.【水素仮説】

●Sagulenko E et al. (2014) Structural studies of Planctomycete *Gemmata obscuriglobus* support cell compartmentalisation in a bacterium. *PLOS ONE* 9, e91344.【核膜みたいな膜をもつ細菌】

●Seligmann H (2019) Giant viruses: spore-like missing links between *Rickettsia* and mitochondria? *Ann. N. Y. Acd. Sci.* 1447, 69-79.【リケッチアとミトコンドリアの進化的関係】

●Shiratori T et al. (2019) Phagocytosis-like cell engulfment by a planctomycete bacterium. *Nature*

Commun. 10, 5529.【食作用をもつバクテリア】

- Silva LCF et al. (2015) Modulation of the expression of mimivirus-encoded translation-related genes in response to nutrient availability during Acanthamoeba castellanii infection. *Front. Microbiol.* 6, 539.【飢餓状態のアメーバにおけるミミウイルスaaRS遺伝子の発現】
- Takemura M (2020) Medusavirus ancestor in a proto-eukaryotic cell: Updating the hypothesis for the viral origin of the nucleus. *Front. Microbiol.* 11, 571831.【新しい細胞核ウイルス起源説】
- Tolonen N et al. (2001) Vaccinia virus DNA replication occurs in endoplasmic reticulum-enclosed cytoplasmic mini-nuclei. *Mol. Biol. Cell* 12, 2031-2046.【ポックスウイルスのミニ核】
- Yoshikawa G et al. (2019) Medusavirus, a novel large DNA virus discovered from hot spring water. *J. Virol.* 93, e02130-18.【メドゥーサウイルスの発見】
- Wu S et al. (2016) Herpes simplex virus 1 induces phosphorylation and reorganization of lamin A/C through the γ134.5 protein that facilitates nuclear egress. *J. Virol.* 90, 10414–10422.【単純ヘルペスウイルスによる核ラミナのリン酸化】
- Zara V et al. (2018) Mimivirus-encoded nucleotide translocator VMC1 targets the mitochondrial inner membrane. *J. Mol. Biol.* 430, 5233-5245.【ミミウイルスによるミトコンドリアへのターゲティング】

【ま・や行】

【ら・わ行】

【は行】

【さ行】

【か行】

【あ行】

さくいん

【人名】

【アルファベット・数字】

N.D.C.463　254p　18cm

ブルーバックス　B-2154

細胞《さいぼう》とはなんだろう
「生命が宿る最小単位」のからくり

2020年10月20日　第1刷発行
2021年7月7日　第2刷発行

著者　武村政春《たけむらまさはる》
発行者　鈴木章一
発行所　株式会社講談社
〒112-8001　東京都文京区音羽2-12-21
電話　出版　03-5395-3524
販売　03-5395-4415
業務　03-5395-3615
印刷所　（本文印刷）株式会社新藤慶昌堂
（カバー表紙印刷）信毎書籍印刷株式会社
製本所　株式会社国宝社

定価はカバーに表示してあります。

ISBN978－4－06－521566－1

発刊のことば

科学をあなたのポケットに

二十世紀最大の特色は、それが科学時代であるということです。科学は日に日に進歩を続け、止まるところを知りません。ひと昔前の夢物語もどんどん現実化しており、今やわれわれの生活のすべてが、科学によってゆり動かされているといっても過言ではないでしょう。

そのような背景を考えれば、学者や学生はもちろん、産業人も、セールスマンも、ジャーナリストも、家庭の主婦も、みんなが科学を知らなければ、時代の流れに逆らうことになるでしょう。

ブルーバックス発刊の意義と必然性はそこにあります。このシリーズは、読む人に科学的に物を考える習慣と、科学的に物を見る目を養っていただくことを最大の目標にしています。そのためには、単に原理や法則の解説に終始するのではなくて、政治や経済など、社会科学や人文科学にも関連させて、広い視野から問題を追究していきます。科学はむずかしいという先入観を改める表現と構成、それも類書にないブルーバックスの特色であると信じます。

一九六三年九月　　野間省一